序　言

中共中央国务院[2007]1号文件明确指出，加强“三农”工作，积极发展现代农业，扎实推进社会主义新农村建设，是全面落实科学发展观、构建社会主义和谐社会的必然要求，是加快社会主义现代化建设的重大任务。

我国农业人口众多，发展现代农业、建设社会主义新农村，是一项伟大而艰巨的综合工程，不仅需要深化农村综合改革、加快建立投入保障机制、加强农业基础建设、加大科技支撑力度、健全现代农业产业体系和农村市场体系，而且必须注重培养新型农民，造就建设现代农业的人才队伍。

胡锦涛总书记在党的十七大报告中进一步指出，要培育有文化、懂技术、会经营的新型农民，发挥亿万农民建设新农村的主体作用。

新型农民是一支数以亿计的现代农业劳动大军，这支队伍的建立和壮大，只靠学校培养是远远不够的，主要应通过对广大青壮年农民进行现代农业技术与技能的培训来实现。金盾出版社在对农业岗位培训进行广泛调研的基础上，与中国农业大学老科技工作者协会、华中农业大学老教授协会等单位共同策划，约请数百名农业专家、学者参加，组织编写了“新型农民现代农业技术与技能培训丛书”(以下简称“丛书”)。“丛书”坚持从现阶段我国青壮年农民的文化技术水平出发，突出现代农业技术与技能的传授，注重其先进性和实用性；“丛书”以教材形式编写，共有88个分册，涉及81个农业岗位，除水稻农艺工、蔬菜园艺工、蔬菜植保员、果树植保员分南方本和北方本外，其他均为一个岗位一本培训教材，以方便县(市)、乡(镇)、村组织新型农民培训和农业企业进行岗位培训时选用。“丛书”的组编和出版，还得到了河北农业大学、沈阳农业大学、西北农林科技大学、甘肃农业大学、北京农学院、山东畜牧兽医职业技术学院、大连民族学院、中国农业科学院茶叶研究所、中国农业科学院油料研究所、中国农业科学院郑州果树研究所、中国农业科学院特产研究所、中国农业科学院桑蚕研究所、中国养蜂学会、内蒙古自治区农牧科学院、甘肃省蔬菜研究所、山东省果树研究所、广西壮族自治区柑桔研究所、山西省畜牧兽医研究所等单位部分专家、教授的支持和参与，并列入劳动和社会保障部《全国职业培训与技能鉴定用书目录》，进行推荐，使我们深感欣慰，在此表示衷心感谢。我们希望和相信，通过“丛书”的出版发行，能为新型农民队伍的发展壮大贡献一份力量，也能为现代农业技术与技能培训积累一些可供借鉴的经验。

“丛书”编写时间有限，各分册存在不足或错漏在所难免，恳请同仁和各使用单位批评指正。

编委会

2008年1月

前　言

茄果类蔬菜是指茄科植物中以浆果供食的蔬菜，即番茄、茄子、辣椒。番茄、辣椒起源于中南美洲热带地区的秘鲁、厄瓜多尔等国。茄子则起源于亚洲热带地区的中国、缅甸、印度等国。由于它们起源地的环境条件相似，因而也形成了其对栽培条件相对近似的要求和较相似的生育特点：一是要求温暖的气候条件，不耐寒冷和霜冻。番茄在高温下结果很差，辣椒、茄子在高温下栽培结果也稍差。因此，在我国长江流域和华南地区逐渐形成了春季和秋季两个栽培季节，但生育期较短，产量不高。但在南方高山海拔800～1 600 米地区，由于夏季气候凉爽，番茄、辣椒、茄子可作越夏栽培，均开花结果良好，采收期很长，自 7 月下旬开始采收，可延续采收至 10 月份。所以，产量比平原地区栽培的高。二是要求较强的光照和良好的通风条件。无论在育苗和栽培管理中，都必须注意改善与调节好光照和通风条件，防止植株徒长、落花、落果。这就要求栽培中采取合理密植、不可种得过密，进行支柱搭架、吊绳引蔓和整枝，以防枝叶过多，密不透风，光照较差。但这类蔬菜在营养生长、生殖生长发育过程中，对日照长短要求不严格，较长的日照有利于营养的制造和积累。三是对营养要求高。茄果类蔬菜生长快，生长量大，生长和结果期长，要求充足而全面的营养。营养充足时，其生长发育好；营养不足时，其花芽分化、植株生长和果实膨大不良，易早衰或发生生理性病害。为此，必须注意养分的供给和调节。同时，对植株本身也须进行调整，疏除一些多余的侧枝和叶片，以减少养分的浪费。四是根系比较发达，有一定的耐旱能力。但由于现今多采用育苗移栽，主根大多受到破坏，所以栽培过程中，必须注意水分的供给，特别是在旺盛生长结果期，需水量大。但这类蔬菜不耐湿、渍、涝，若雨季田间排水不良，根系生长发育受阻，空气湿度过高，对授粉不利，病害也较重。五是花芽分化早。幼苗 2～4 片真叶时，顶端就开始花芽分化。现在提倡大苗移栽，在育苗期几乎完成了全株果实的花芽分化发育。菜农常说“若要产量高，先要育好苗”。可见，幼苗质量的好坏对其早期产量和总产量的重要性。所以，必须采取综合措施培育出壮苗，为早熟、丰产打下良好的基础。六是病虫害大多相同。茄果类蔬菜有一些共同的病虫害。因此，一般需与其他种类蔬菜实行3～5 年轮作，避免连作，以减轻其为害。

在三种茄果类蔬菜中，茄子起源于东南亚热带地区，我国广东、海南等省常可见到野生茄子。因此，茄子在我国的栽培历史悠久，各地均有栽培。相传我国的辣椒是经丝绸之路和东南亚海路引入，已有 300 多年的栽培历史，现已在全国各地种植。而番茄则是近 50 年迅速发展起来的。

现在，番茄、茄子、辣椒三种蔬菜已在我国普遍栽培和生产，由过去的季节性生产发展到周年生产和均衡供应，成为城乡居民常食不厌的食品。不仅可鲜食，也可加工成罐头。番茄还可当作水果食用，还可制成番茄汁、番茄酱等；辣椒可作调味品，制成干辣椒和辣椒粉；茄子可制成茄干，加工和食用方法很多，深受人们喜爱。

茄果类蔬菜深受人们喜爱，这与其供给人们丰富的营养是分不开的。它们含有丰富的维生素、矿物质、碳水化合物、有机酸及少量的蛋白质，都是人体所必需的营养物质。番茄中的碳水化合物主要是糖。辣椒和番茄中的维生素C含量都很多，特别是红熟的辣椒，可以作为人体所需维生素C的来源。

随着我国农业耕作制度改革的深入，蔬菜专业化生产规模越来越大，番茄、茄子、辣椒已成为人们的首选蔬菜，对其产品规格和产品质量的要求也越来越高。尽管现在是普通栽培、无公害栽培和绿色食品栽培共存，但随着人们生活水平的提高，大家热切期盼生产出更多的无公害食品和绿色食品。

本书的出版，对于提高广大农村新型农民现代农业技术与技能水平，促进蔬菜生产朝着高产优质的方向发展，将起到积极的作用。

由于编写时间仓促，加之笔者水平所限，书中不妥甚至错误之处在所难免，诚恳希望专家和广大读者批评指正。

编著者

2008年1月

目　录

第一章　茄果类蔬菜园艺工的岗位职责与素质要求

作为一个茄果类蔬菜园艺工，应有明确具体的岗位职责，同时也要有较高的素质，才能确保岗位工作的顺利完成。无论是一家一户的生产，还是较大的茄果类蔬菜专业化生产基地，完成一定的生产任务，均需有明确的职责任务和相应的素质要求。

一、茄果类蔬菜园艺工的职责

（一）制订生产计划，组织计划的实施

有周密的计划，才能保证生产任务按时完成。尽管现有生产大多是一家一户自由种植，但农业产业化必然导致生产专业化形成一大片或一个组、一个村生产一种产品的格局，这就要求严密计划，才能生产出同一规格产品。

（二）认真学习茄果类蔬菜生产相关的安全知识

为了使生产出的番茄、茄子和辣椒果实达到无公害的标准，必须学习安全使用农药和安全使用肥料的知识；为了育苗等用电安全，还应学习安全用电知识。

（三）学习掌握有关农业方面的法律知识和农业政策

如农业法、农业技术推广法、种子法以及国家和行业蔬菜产地环境、产品质量标准和生产技术操作规程。熟悉了这些，就可应用这些知识去争取政府的资助，创造更好的生产条件，也可用法律知

识来保护自己,使自己的生产更好地按国家的统一标准进行。

(四)根据市场信息,确定产品去向

根据销售市场的规格要求,选择适宜的栽培品种,做到产销对路,获取较好的生产效益。

(五)年前做好翌年财经预算

估算出一年的收入、支出和盈利,争取达到好的效益。

此外,要根据市场要求,进行新品种引进和产品的采后处理;对生产环境主动调控,以满足进一步发展生产的需要;努力提高劳动生产力,生产出更多合格产品。

二、茄果类蔬菜园艺工的素质要求

(一)思想素质

一是遵守国家法律,做一个好公民。二是具有高度的责任感,积极进取,能生产出符合标准的优质蔬菜。三是较好地掌握国家有关农业方面的方针政策。四是生产中不违规操作,不违规打药、施肥和用被污染的水洗菜,不卖有公害的蔬菜。五是随着生产的发展,自觉进行知识更新,坚持用新知识、新技术指导生产。六是不以假冒伪劣品种的蔬菜充当优质品种蔬菜。

(二)专业素质

茄果类蔬菜园艺工能较好地掌握有关茄果类蔬菜栽培的相关专业知识和技能,并能熟练地将其应用于生产中,获得较高的产量和效益。具体说,这些知识和技能包括以下内容:①根据茄果类蔬菜特性对环境的要求,选择适合种植的地块。选地不当,常可导

致生产的失败。②善于对土地的合理耕作。科学地开沟做畦，精心细致进行畦面平整。③合理选择育苗的床址。选择在背风向阳的地点做苗床，熟练地构筑苗床，科学地配制育苗用的培养土。因地制宜地利用热源提高苗床温度，保障育苗顺利进行，尽量避免育苗事故的发生。④具有熟练的育苗技术，包括种子处理、浸种催芽、播种、苗床管理、分苗和幼苗嫁接等技术。⑤熟练地进行各种栽培方式的田间定植，包括取苗、运苗和幼苗定植等，确保定植后田间不死苗或少死苗。⑥适时进行田间管理，主要是补苗、追肥、浇水、锄草、培土、插架、绑蔓、植株调整和打老叶等。⑦能识别主要病虫害，采用相应的农药进行防治。自觉不使用蔬菜上禁用的农药防治病虫草害。⑧善于进行蔬菜采后的简单加工、分级、包装，尽量减少运输途中的损失。⑨有生产技术操作规程的蔬菜，应严格参照操作规程进行适时操作。熟练掌握一年四季的农事活动。⑩积极主动地进行不良生产环境的改造。如寻找水源、低洼地渍水的排除和排灌设备的配备等。

思考题

1. 茄果类蔬菜园艺工有哪些职责？
2. 茄果类蔬菜园艺工应具备哪些基本素质？

第二章　茄果类蔬菜园艺工须具备的基础知识

一、主要茄果类蔬菜的识别

(一)番　茄

我们在种植番茄之前,应对其植株根、茎、叶、花、果实和种子的特征、特性有所了解,才能更好地栽培。

1. 根　番茄的根系比较发达,分布广而深。在生育初期,垂直生长旺盛,随着地上部茎、叶生长量的加大,逐渐转为垂直生长和水平生长同时进行,进而以水平生长为主。其主根可深入土中1.5米左右,水平生长幅度可达2.5～3米。但在育苗条件下,由于移植时主根被弄断,故侧根分枝较多,且多横向发展。大部分根群分布在30～50厘米土层中。在施用有机肥多的土壤中,细根较多。

番茄根系发生不定根的能力很强,不仅主根上易生侧根,在茎上特别是茎节上,很容易发生不定根,而且伸展很快。在良好的生长条件下,不定根发生后30～40天可长达1米左右,所以番茄分苗或定植后很容易成活,甚至扦插后也容易长出不定根。其不定根与侧根相比虽入土较浅,分布范围较小,但同样具有吸收能力和支撑作用,生产中可利用该特性通过培土、压蔓或徒长苗卧栽等方法,诱发不定根发生,防止倒伏和促进根系发育。

2. 茎　番茄的茎为半直立或半蔓性,木质化程度差。茎初期直立生长,随着植株伸长生长,叶片数增多加厚,果实肥大,植株重心上移，难以支撑地上部的重量而开始倒伏，所以在开花前后应设立支架。

茎的分枝形式为合轴分枝，茎的顶端形成花芽，开花结果，侧枝代替主枝继续生长。无限生长型的番茄植株在茎端分化第一个花穗后，该穗花芽下的一个侧芽生长成强盛的侧枝，第二花穗及以后各花穗下的一个侧芽生长也都如此。有限生长型的番茄植株则在发生 3～5 个花穗后，花穗下的侧芽分化为花芽，不再长成侧枝。

番茄茎的分枝能力强，每个叶腋均能产生侧枝，且侧枝生长势很强。生产上可通过摘留侧枝调整株型和调节营养生长与生殖生长的平衡。由于番茄茎易产生不定根，所以可以利用枝条进行扦插繁殖。

在正常情况下，番茄茎的粗度上、下部比较一致，节间较短。植株徒长时节间过长，茎从下至上逐渐变粗；相反，老化植株节间过短，从下至上逐渐变细。茎的长度因品种、栽培方式、整枝方式不同差异较大。有限生长型（自封顶类型）品种的茎长一般为 0.5～1 米。无限生长型的茎长可达数米，国外温室栽培配套品种有的茎长可达 10 米左右。

3. 叶 番茄的叶是由小叶组成的形状不规则的羽状复叶。叶片大小相差悬殊，长度在 15～45 厘米，一般在大棚、温室中栽培的及中晚熟品种的叶片较大，直立性较强的或小果品种叶片小。小叶的数目与形状随其着生部位不同而有很大差别。

番茄的叶型分为 3 种类型：①普通叶型。叶片大，小叶之间距离大，缺刻较深，绝大多数品种属于这一类型。②直立型（皱缩叶型）。小叶之间排列紧密，叶片宽厚而多皱缩，颜色深绿。③大叶型（薯叶型）。小叶大而长，叶缘无缺刻，似马铃薯叶型。

番茄叶片大小、形状、颜色等因品种及环境条件而异。一般早熟品种叶片较小，晚熟品种叶片大；露地栽培叶色较深，温室及塑料棚内栽培的往往叶色较浅；低温下叶色发紫，高温下小叶内卷等。番茄叶的丰产形态是:叶片似长手掌形,中肋及叶片较平,叶色绿,叶片较大,顶部叶正常展开。生长过旺的植株,叶片呈长三角形,中肋突出,叶色深绿,叶片较大。老化株叶小、暗绿或深绿色,顶部叶小型化。

4. 花 番茄为完全花,总状花序或复总状花序。花序着生于节间,花黄色。每个花序上着生的花数品种间差异很大,一般栽培品种多为5～8朵,小果品种可达20朵以上。品种间花序在植株上的排列方式有差异。凡间隔叶数为奇数的品种,花序都排在一侧;反之,则左右相对。正常花的雌蕊为1枚。雄蕊通常有5～9枚或更多,聚合成一个圆锥体,包围在雌蕊周围,药筒成熟后内侧纵裂,散出花粉,花粉受震动而落于柱头上,为自花授粉作物。在某些条件下,个别品种或有的品种柱头伸出雄蕊之外,可以异花授粉,天然杂交率为4%～10%。如果番茄的花出现花瓣、花萼和雄蕊数复合增多且排列不整齐,成为畸形花,坐果后便成为畸形果。

番茄开花结果习性,按花序着生规律可分为两种类型。有限生长型品种,一般主茎生长至6片或7片真叶时开始着生第一花序,以后每隔1叶或2叶形成一个花序,通常在茎上发生2～4层花序后,花序下位的侧芽停止发育,形成"封顶"现象。无限生长型品种,在主茎上生长至8～10片叶(有的晚熟品种长至11～13片叶)时才出现第一花序,以后每隔2～3片叶着生一个花序,条件适宜时可不断着生花序开花结果。

番茄花的丰产形态是同一花序内开花整齐,花瓣黄色,花器及子房大小适中。徒长株花序内开花不整齐,往往花器及子房特大,花瓣深黄色。老化株开花延迟,花器小,花瓣淡黄色,子房小。

5. 果实 番茄的果实为多汁浆果,果内由果皮(中果皮)及胎座组织构成。优良的品种果肉厚,种子腔小。果实的形状、大小、颜色、心室数因品种而不同。栽培品种一般为多室,心室数的多少与萼片数及果形有一定相关。萼片数多,心室数也多。3个或4

个心室的果实，果径较小，果实肥大不良；5～7 个心室的果实，发育良好，接近圆球形；心室数再增多，果型大而扁。心室数的多少除决定于品种遗传性外，还与环境条件有关。

番茄果实的大小相差很大，一般单果重 70 克以内为小果型，70～200 克为中果型，200 克以上为大果型。

果实的颜色是由果皮颜色与果肉颜色相衬而确定的。果皮可以是无色也可以是黄色或红色。如果果皮、果肉皆为黄色，则果实为深黄色；如果皮无色，果肉红色，果实为粉红色；如果皮为黄色，果肉为红色，果实为橙红色。番茄果实的红色是由于含有茄红素($C_{40}H_{56}$)，黄色是由于含有胡萝卜素、叶黄素所致。番茄胡萝卜素与叶黄素的形成与光线照射有关。而茄红素的形成虽与光线有一定关系，但更主要的是受温度的支配。果实未熟时，果肩部、梗洼部形成深绿色，果面全体呈淡绿色或绿色，成熟后开始呈现本品种的颜色，主要受品种遗传性所决定。

番茄果实的发育需经历 3 个阶段：第一个阶段是刚开花不久较短的时期，是授粉、受精后至胚胎的分裂开始，果实的体积增大不明显；第二阶段是最大生长期，果肉的各个细胞开始急剧肥大，随之果实的体积显著增大，果皮绿，硬度高；进入第三阶段时，构成果肉的大部分细胞其体积基本上达到生长的极限，果实的生长变得缓慢，在成熟期间果实组织进行复杂的生物化学变化，果实逐渐转红或转黄，硬度逐渐降低。在果实发育过程中，果径、果重的增长均呈 S 形曲线变化。各穗果实完成发育所经历的时间长短，与外界环境有关。如春季早期形成的果实，由于温度较低，经历时间长，果实发育也较小，味淡；盛果期温度适宜，果实发育快，形状整齐，商品性好，经历的时间也缩短。番茄从开花到果实成熟一般需 50～60 天，夏季高温季节需 40～50 天，冬季低温弱光季节（保护地内）需 75～100 天。

6. 种子 番茄种子为扁平短卵形，在一端的边缘有一个向内凹陷的种脐，种子外表面覆以粗毛，呈灰褐色或黄褐色。番茄种子由种皮、胚乳和胚组成，是有胚乳的种子。番茄种子比较小，长 4 毫米左右，宽 3 毫米左右，高 0.8 毫米左右。千粒重 2.7～4 克。番茄种子寿命 4～6 年，生产上利用年限为 2～3 年。番茄种子比果实成熟早，一般情况下，开花授粉后 35 天左右的种子即开始有生活力，但胚的发育是在授粉后 40 天左右完成，所以授粉后 40～50 天的种子完全具备正常的发芽力，种子的完全成熟是在授粉后 50～60 天。番茄种子在果实中被一层胶质包围，由于果汁中存在发芽抑制物质及果汁渗透压的影响，在果实内的种子不发芽。

(二)茄　子

茄子植株的根、茎、叶、花、果实和种子的特征如下。

1. 根　茄子根系发达，由主根和侧根组成，主要分布在 30 厘米左右深的耕层内。主根粗壮，入土深度可达 1.3～1.7 米。主根上分生侧根，其上再分生二级、三级侧根，由这些根组成以主根为中心的根系，根群横向分布的直径可达 1～1.3 米。因此，栽培时应注意深耕。茄子根系木质化较早，再生能力不强，所以不宜多次移植。茄子主根虽扎得比较深，但由于叶面积较大，蒸腾散发的水分较多，故抗旱力较弱。但品种间抗旱能力差异较大。根系对氧气的要求严格，在排水不良的土壤中易造成根系腐烂。因此，栽培茄子时，应选择土层深厚、排水良好的土壤。

2. 茎　茄子的茎为圆形，幼苗时期是草质的。但随着植株的生长，茎开始木质化，尤以下部的茎木质化程度比较高。按植株形态可分为直立性和半蔓性两类。直立性品种植株高大，高 1 米左右，多为晚熟品种；半蔓性品种一般为早、中熟品种，植株高 60～80 厘米，茎较细弱，分枝能力强，横向开展度 0.7～1 米。因此，植株需搭架插杆或吊绳支撑。

3. 叶　茄子的叶互生，单叶，有叶柄。叶片长椭圆形、倒卵圆形或圆形，叶片边缘呈波浪形，叶面粗糙、有茸毛，叶脉上和叶柄上有刺。叶子大小随品种和它在植株上着生的节位不同而异。一般植株下部和顶部的叶片较小，中间部位的叶片比较大。

4. 花　茄子的花为两性花，一般单生，但也有 2～3 朵乃至 5～6 朵簇生的。花由花萼、花冠、雄蕊和雌蕊 4 部分组成。雄蕊包围着雌蕊；雌蕊基部膨大部分为子房，子房上端是花柱，花柱顶部为柱头，柱头是接受花粉的器官；花瓣为 5～6 片，基部合成筒状，开花时花药在花药顶孔开裂时散出花粉；花萼宿存。

簇生花一般只有基部的一朵花坐果，其他花往往脱落，但也有一个花序结 2～3 果的，此时常第一果较大，随后逐渐变小，多果者果实均较单果略小。早熟品种主茎具 5～6 片真叶时着生第一朵花或花序；中晚熟品种主茎具 7～14 片真叶时着生第一朵花，以后每隔 1～2 片叶着生一朵花或一个花序。

根据花柱的长短，可分为长花柱花、中花柱花和短花柱花 3 种类型。长花柱花的柱头长于花药，中花柱花的柱头与花药齐平。这两种花的花大色深，受精能力强，坐果率高，称为健全花。短花柱的柱头不超过雄芯的花药，因其发育不良，花小，花柱短，散出的花粉很难落在本朵花的柱头上，因而授粉不良，易自然落花。即使人工授粉也不易结实，称为不健全花。

茄子一般是自花授粉，每天的授粉时间较晚，晴天 7～10 时授粉，阴天下午才能授粉。自开花前 1 天至开花后 2～3 天，柱头都具有受精能力，但以开花当天受精能力最强。

5. 果实　茄子果实为浆果，形状多样，有圆球形、扁圆形、倒卵圆形、棒状和长条形等，以嫩果供食。果实的颜色有红紫、紫、深紫、黑、白及绿色，而以紫红色最普遍。一般开花后 15～20 天即可采收，嫩果果肉的颜色有白色、绿色和黄白色。果肉常带涩味，这种涩味为一种植物碱，经煮熟后可清除，所以一般茄子不适宜生食。但也有可以生食的品种，生食茄子果肉略带甜味。在开花后

50～60 天，茄子果实老熟，其颜色变成黄褐色。采种时，必须待茄子表面 70%以上变成黄褐色时，才可采收种茄。如采收过早(50 天以内)，种子发芽率会受影响。

圆茄品种果实的果肉比较致密，细胞排列呈紧密结构，间隙小，含水分较少，食用时口感较清爽。长茄品种果肉细胞排列呈松散结构，含水分较多，食用时口感柔嫩细腻。

6. 种子 茄子的种子扁平，肾形，表面光滑无毛。新鲜种子多为黄色。陈种子或留种时淘洗得不干净的种子呈褐色，且无光泽。千粒重 4～5 克，每克种子有 200～250 粒。每个大圆茄有种子 2 000～3 000 粒，中短条茄1 000～2 000 粒，而长条茄(或棒状茄)每果只有 800～1 000 粒。在同类型的品种或果实中，生长发育良好的较大果种子多，反之则少。种子使用年限一般为 2～3 年，若保持种子干燥，发芽能力可达 4～5 年。

种子成熟比果实晚，一般开花后 40 天种子即有发芽力，但完全成熟需要 50～60 天。因此，后熟(种果采收后置通风处晾一段时间)有明显促进种子后熟的效果，会提高种子千粒重和发芽率。

(三)辣　椒

1. 根 辣椒的根系没有番茄和茄子的根系发达，根量少，入土浅，再生能力差。茎的基部不易产生不定根。主要的根群一般分布在 30 厘米的土层中。培育强壮的根系和保护根系，对获得辣椒丰产具有重要意义。

辣椒的根具有喜温性，土壤温度较高时，根系吸收能力和生长能力加快；土壤温度较低时，吸收能力减弱，根系生长不良，易引起病害。

2. 茎 辣椒的茎直立，腋芽萌发力较弱，株冠较小，适于密植。茎的木质化程度较强。株高一般在 30～150 厘米，在温室中栽培只留 2 个枝时，也可长到 2 米以上。不过因品种和气候、土壤、栽培条件的不同而异。茎端出现花芽以后，以双杈或三杈分枝继续生长。分枝形式因品种不同而异。但在昼夜温差较大、夜温低、营养状况良好、生育长势缓慢时，常多三杈分枝；反之，则多二杈分枝。培育长势均匀，强壮而紧凑的侧枝，是获得辣椒丰产的重要条件。

辣椒的分枝可分为无限分枝和有限分枝两种类型。无限分枝型是指当主茎长到7～15片叶时，顶芽分化为花芽，由其下2～3叶节的腋芽抽生，花（果实）着生在分杈处，各个侧枝又不断依次分枝、着花、结果。

3. 叶　辣椒的叶为单叶，互生，卵圆形、长卵圆形或披针形。通常甜椒较辣椒的叶要宽一些。叶先端渐尖、全缘，叶面光滑，稍有光泽，也有少数品种叶面密生茸毛。叶片的大小和叶面绿色的深浅主要与品种及栽培条件有关。叶片硕大、深绿色时，果型也较大，果面绿色也较深。土壤贫瘠、营养不良或徒长植株，则叶薄、色浅；氮充足时叶较长；钾充足时，叶片较宽；氮过多时叶柄长，嫩叶凹凸不平；土壤干燥时，叶柄弯曲，叶身下垂；土壤湿度过大，整个叶片下垂。所以，叶色、叶形的变化，是辣椒肥水管理的标志。

4. 花　辣椒花为两性花，花较小，一般为白色。无限分枝型多为单花，有限分枝型多为簇花。一般甜椒的花比辣椒的大。植株的营养状态，影响柱花的长短。营养不良时，短花柱增多，落花率增加。主枝及靠近主枝的侧枝，营养条件较好，花器多正常；远离主枝的则有时出现较高比例的短柱花。短柱花常因授粉不良导致落花落果。因此，改善栽培条件，培育健壮的植株，是提高坐果率，获得高产的关键措施。

5. 果实　辣椒的果实为浆果，下垂或朝天生长。因品种不同其形状和大小有很大的差异，形状有扁圆、圆球、灯笼、近四方、圆三棱（或四棱、五棱）、线形、长圆锥、短圆锥、长牛角、短牛角、指形、樱桃形等多种形状。果顶呈尖、钝尖或内凹状。果柄部位宿存的萼片呈多角形，果肩有凹陷、平肩、凸肩之分，一般甜椒品种果肩多凹陷，鲜食辣椒品种多平肩，制干辣椒品种多凸肩。果表面光滑，常具有纵沟、凹陷和横向皱褶。青熟果(嫩果、商品成熟果)浅绿色、黄绿色或深绿色，少数为白色、黄色或绛紫色；成熟果(老熟果、生理成熟果)转为红色、橙黄色或紫红色。

6. 种子 辣椒的种子多数着生在胎座上，少数着生在种室隔膜上。种子短肾形，扁平，表面微皱，淡黄色，稍有光泽。千粒重一般在 4.5～8 克。种子寿命为 4 年，生产使用年限为 2～3 年。

二、茄果类蔬菜生产计划的制订

(一)资金投入(支出)

1. 土地费 如果土地是自己家的，可以不计支出费用；如果是租别人的土地，则按实际租金计算。

2. 劳务费 即从种到收完全过程的用工费用。如果完全是自家耕作管理，则劳务费可不计入支出费用。但雇人栽培管理的，则必须计入劳务支出。

3. 肥料费 可按每 667 平方米投入农家肥 3 000 千克(折合人民币 150 元)、复合肥 100 千克(折合人民币 250 元)、尿素 25 千克(折合人民币 40 元)、酸性土壤每 667 平方米增施石灰 100 千克(折合人民币 20 元)。

4. 土地耕作费 自家用牛耕作，可以不计入支出。租牛耕或用拖拉机耕，则按实际开支，计入费用。

5. 农药费 长江流域按每 667 平方米 100 元计算，华南地区按每 667 平方米 200 元计算。

6. 水费 每 667 平方米地灌一次水约需水 30 立方米，农用水每吨 0.2 元，每灌一次算一次的支出。不同作物、种植季节不同需灌水次数不一样，按实际灌水次数和用水量计算。

7. 架材　种植番茄需设支架，应计入架材费。每667平方米需用架材约3000根，每根按0.1元计，则每667平方米需300元，因架材可使用4年，所以每年支出为75元。

8. 杂费和农具折旧费　每667平方米约30元。

如果使用钢架塑料大棚，则应增加相应支出费用。

(二)产品销售收入

茄果类蔬菜产品销售价格，不同的地区和季节差别很大。以2007年武汉市批发和零售价为例，番茄、辣椒、茄子的(全年平均)批发价分别为2.68元/千克、2.48元/千克和2.4元/千克，而零售价分别为4.7元/千克、4元/千克和3.5元/千克。无论批发或零售，都是春节、元旦前后高，6～7月低，高价达每千克批发价4元左右，而最低时只有0.8～1元。与此同时，华南地区的价格刚好相反，6～9月价较高，元旦、春节前后价格只稍高一点。因此，要根据不同的季节和准备销往的地区制订蔬菜生产的品种及面积。

三、茄果类蔬菜生产安全知识

(一)安全用药知识

1. 农药的定义　所谓农药是指用于防治农、林、牧业及其产品和环境卫生等方面的害虫、螨类、病菌、线虫、杂草、鼠等的化学药剂，以及植物生长调节剂。农药种类繁多，杀虫的叫杀虫剂，防病的叫杀菌剂，防除杂草的叫除草剂。农药按其毒性分为高毒、中毒和低毒农药。高毒农药不准用于防治蔬菜病虫害。

2. 农药对人、畜的毒性　农药的毒性会通过人的皮肤、呼吸道和消化道等部位进入体内,引起中毒。中毒分为急性中毒和慢性中毒。急性中毒指和农药接触后,短时间内发生中毒症状,如头晕、恶心、呕吐、抽搐痉挛、呼吸困难、大小便失禁,甚至死亡。人员发生中毒应立即送医院救治。而慢性中毒是由于长期食入残留于食物中或吸入空气中的微量农药,在体内积累一定量时,引起内脏功能受损,阻碍正常生理代谢过程而发生的毒害。对于慢性毒性,需要测定致癌、致畸、致突变,以及对后代遗传变异影响、累代繁殖情况等指标,作出定性观察。

3. 农药对植物的药害

(1)产生药害的原因　药害的产生,主要是农药的不合理使用,抑制蔬菜生长,导致蔬菜作物异常甚至死亡。

(2)药害的症状　农药对植物的药害可分为急性和慢性。急性药害是指施药后几小时至十几天内表现出形态异常,如叶片和果实出现斑点、黄化、枯萎、落叶、落果等。慢性药害是指施药后,经过较长时间才表现出药害症状,如光合作用减弱、生长缓慢、成熟期延长、矮化畸形、色泽和风味变劣等。

(3)防止药害产生的措施　种子萌发、幼苗、开花授粉对农药反应敏感,应选用不易发生药害的农药,而且剂量要小。生物农药和植物农药防治病虫,不易产生药害。高温、强光下易出现药害,不宜施药。干旱时应减少用药量,阴天时可适当增加药剂的浓度。有内吸作用或在高温、强光下易分解、挥发的农药品种,如巴丹、杀虫双和辛硫磷等,宜在 17 时后施药,或在阴天用药,防止药害发生。

4. 农药分类及使用范围　根据目前农业生产上常用农药的毒性综合评价,分为高毒、中等毒、低毒 3 类。高毒农药只要接触极少量就会引起中毒或死亡。中、低毒农药虽毒性稍低,但接触多,抢救不及时也会造成死亡。所以农药安全使用规定,凡已定出“农药安全使用标准”的,均按标准要求执行。还规定高毒农药不准用于蔬菜、茶叶、果树、中药材等作物，不准用于防治害虫与人、畜皮肤病。

5. 农药的购买、运输和保管注意事项　①农药由使用单位指定专人凭证购买。买农药时必须注意农药的包装，防止破漏。注意农药的有效成分含量、出厂日期、使用说明等，鉴别不清和质量失效的农药不准使用。②运输农药时，应先检查包装是否完整。搬运时要轻拿轻放。③农药不得与粮食、蔬菜、瓜果、食品、日用品等混载、混放。④农药要集中存放在专用仓库、专用柜，由专人保管，门、柜要加锁。

6. 农药使用中的注意事项　①配药时，配药人员要戴胶皮手套，必须用量具按照规定的剂量称取药液或药粉，不得任意增加用量。严禁用手拌药。②拌种要用工具搅拌，用多少，拌多少，拌过药的种子尽量用机具播种。如需用手撒或点种时，必须戴防护手套，以防皮肤吸入中毒。剩余的毒种应销毁，不准用作口粮或饲料。③配药和拌种应选择远离饮用水源、居民点的安全地方，要有专人看管，严防农药、毒种丢失或被人、畜误食。④使用手动喷雾器喷药时，应隔行喷。手动和机动药械均不能左右两边同时喷。大风和中午高温时应停止喷药。药桶内药液不能装得过"满"，以免晃出桶外，污染施药人员身体。⑤喷药前应仔细检查药械的开关、接头、喷头等处螺丝是否拧紧，药桶有无渗漏，以免漏药污染。喷药过程中如发生堵塞时，应先用清水冲洗后再排除故障。绝对禁止用嘴吹吸喷头和滤网。⑥施用过高毒农药的地方要竖立标志，在一定时间内禁止放牧、割草、挖野菜，以防人、畜中毒。⑦用药工作结束后，要及时将喷雾器清洗干净，连同剩余药剂一起交回仓库保管，不得带回家去。清洗药械的污水应选择安全地点妥善处理，不准随地泼洒，防止污染饮用水源和养鱼池塘。盛过农药的包装物品，不准用于盛粮食、油、酒、水等食物和饲料。

7. 施药人员的选择和个人保护　①施药人员应选择工作认

真负责,身体健康的青壮年担任,并经过一定的技术培训。②凡体弱多病者,患皮肤病和农药中毒及其他疾病尚未恢复健康者,哺乳期、孕期、经期的妇女及皮肤损伤未愈者,不得喷药或暂停喷药。喷药时不准小孩到作业地点。③施药人员在打药期间不得饮酒抽烟。④施药人员在打药时必须戴防毒口罩,穿长袖上衣、长裤和鞋袜。在操作时禁止吸烟、喝水、吃东西,不能用手擦嘴、脸和眼睛,绝对不准互相喷射嬉闹。每日工作之后,喝水、抽烟、吃东西之前要用肥皂彻底清洗手、脸和漱口,有条件时应洗澡。被农药污染的工作服要及时换洗。⑤施药人员每天喷药时间一般不得超过 6 小时。使用背负式机动药械,要两人轮换操作,连续施药 3～5 天后应休息 1 天。⑥操作人员如有头痛、头晕、恶心、呕吐等症状时,应立即离开施药现场,脱去污染的衣服,漱口,用肥皂擦洗手、脸和皮肤等暴露部位,及时送医院治疗。

(二)安全施肥知识

合理施肥不仅能大幅度提高蔬菜的产量,而且还能改善蔬菜的营养品质,保证蔬菜的安全卫生;而不合理的施肥,往往造成蔬菜营养物质下降、食味变差、重金属积累、硝酸盐超标、病菌虫卵污染,食用后导致中毒或诱发各种疾病。

蔬菜作为人类生活中的重要食物,其品质的高低直接影响着人类的身体健康,同时也是蔬菜商品价值的重要体现。蔬菜的品质一般包括感官品质、营养品质、安全品质和加工品质 4 个方面。下面重点介绍施肥对安全品质的影响。

氮肥对蔬菜安全品质的影响,突出表现在对蔬菜硝酸盐积累的影响。据研究,人体摄入的硝酸盐 80%来自蔬菜。一般认为,硝酸盐被人体吸收后,在还原条件下容易形成亚硝酸盐,而亚硝酸盐是一种有毒物质,它可直接使人体中毒缺氧,患亚铁血红朊症,严重者可致死。更为严重的是亚硝酸盐能与胃中的含氮化合物仲胺、叔胺、酰胺类物质结合形成亚硝胺，而亚硝胺是一类强致癌有机化合物，长期大量食用含硝酸盐或亚硝酸盐多的蔬菜对健康危害很大。

一般蔬菜都含有一定数量的硝酸盐和亚硝酸盐。我国国家标准规定无公害蔬菜硝酸盐的含量限制指标为：叶菜类蔬菜≤3 000毫克/千克，根茎类蔬菜≤1 200毫克/千克，瓜果类蔬菜≤6 000毫克/千克。无公害蔬菜农业标准规定蔬菜亚硝酸盐含量≤4毫克/千克。

1. 控制蔬菜硝酸盐含量的措施

(1)推广平衡施肥技术　增施氮肥容易引起蔬菜硝酸盐累积，但氮肥不足又会影响蔬菜的产量和其他品质。因此，合理确定氮肥施用量就成为既保持蔬菜产量，又防止硝酸盐含量超标的关键技术。这就需要根据土壤氮素状况、作物目标产量、蔬菜品种及蔬菜不同生育阶段对氮素的需求，以及田间试验结果，确定最佳的氮肥施用量。同时，注意氮肥与磷肥、钾肥配合施用。

施用有机肥料是减少蔬菜中硝酸盐积累，提高产品营养价值的重要措施。化学氮肥与厩肥、土杂肥配合施用，能有效控制和降低蔬菜中硝酸盐的积累。通常无机氮与有机氮的比例应为1∶1。氮、磷、钾三要素的比例，100天以内的短季节蔬菜以1∶0.2∶0.5为宜，长季节的茄果类蔬菜以1∶0.5∶0.6为宜。

(2)选择适宜的氮肥种类　不同氮肥品种、氮素形态影响硝酸盐累积，使用铵态氮肥(氯化铵)会明显降低蔬菜中的硝酸盐浓度，但在水溶液中施用大量铵态氮肥常导致中毒，产量受到限制。

(3)采用科学的施肥方式　蔬菜体内累积的硝酸盐随土壤中吸收的硝态氮素增多而增加，对生育期较短的蔬菜，采用施一次性基肥较后期追肥对降低硝酸盐含量更为有效。蔬菜施肥应采用以“攻头挖尾”，“重基肥轻追肥”的施氮技术模式为主。即将70%的氮肥、有机肥、磷肥、钾肥做基肥，30%氮素做追肥，这样有利于后期制约蔬菜中硝酸盐的累积，使蔬菜收获期硝酸盐含量控制在标准以下。此外，在蔬菜收获前20天内不得再追施氮肥。

(4)配合使用氮肥抑制剂　为降低和控制蔬菜中硝酸盐的含量，目前国外普遍采用氮抑制剂以抑制土壤硝化细菌的活性，从而达到减少土壤和蔬菜中硝酸盐积累的目的。氮吡啉(CD)和双氰胺(DCD)都是较好的氮抑制剂，对蔬菜中硝酸盐的积累有显著的抑制作用。

(5)叶面施微量元素等化学物质　施用微量元素对减少蔬菜中硝酸盐积累有一定效果。蔬菜中硝酸盐含量随钼肥用量增加而降低。喷钼肥蔬菜叶片中硝酸盐含量下降幅度为41%～76%。根外追施钼、锰等微肥，对蔬菜叶片硝酸还原酶有激活作用，可使植株内硝酸盐含量下降。另外，收获前一天用草酸、甘氨酸等喷洒，可明显降低蔬菜中的硝酸盐含量。蔬菜收获前10天叶面喷施微肥，简单易行，成本也低，值得推广。蔬菜追肥8天后方可收获上市。

(6)选择适宜的收获季节、天气和时间　蔬菜不同的收获季节、天气、时间对蔬菜硝酸盐含量都有影响。据吴礼树研究，在早春较早收获的蔬菜，可食部分硝酸盐的含量较高，这是由于早春的光照不足而影响了硝酸盐的同化，随着收获日期的推迟，光照逐渐增强，硝酸盐还原加速，累积减少。同理，在一天中收获得越晚，或收获前经光照的时间越长，蔬菜可食部分的硝酸盐含量就越低。因此，蔬菜采收尽量选择在晴天下午或傍晚，这比在阴天或早晨采收的蔬菜硝酸盐含量明显降低。控制温度处于稍低的水平，也有利于减少蔬菜硝酸盐的含量。

(7)选育低硝酸盐的蔬菜种类和品种　蔬菜硝酸盐含量与蔬菜种类、品种生物化学特性有很大关系。蔬菜体内硝酸还原酶活性与硝酸盐积累有很好的相关性，酶活性较强的蔬菜硝酸盐积累少。

2. 目前蔬菜施肥中有待改进的几个问题

(1)肥料用量过大,养分失衡 目前蔬菜生产中普遍存在有盲目大量施肥问题,不仅严重浪费了肥料资源,同时造成土壤养分的严重失衡,使蔬菜生理病害发病率增加。尤其表现在温室大棚的蔬菜生产,大量施用氮肥导致部分蔬菜产区地下水硝酸盐含量超标,严重影响人体健康。氮肥施用过多影响蔬菜对钾、钙养分的吸收作用,导致蔬菜发生生理病害。如番茄缺钙引起的脐腐病,缺钾引起的褐腐病、网纹果等。大量施用磷肥,造成土壤中磷素大量积累,从而影响对锌等养分的吸收。大量施用钾肥同时降低了蔬菜对钙、镁的吸收。

有些菜农大量施用养鸡厂的鸡粪,认为施用越多越好,很少再施用其他有机肥料,但蔬菜生长和产量并不理想。这也是因为长期大量施用鸡粪引起土壤养分失衡。由于鸡粪养分供应量($N:P_2O_5:K_2O=2.3:1:1.2$)与甜椒、番茄高产需肥量($N:P_2O_5:K_2O:Ca:MgO=1:0.27:1.53:1.2:0.4$)不一致。因此,菜地长期施用鸡粪,导致土壤中钾及微量元素缺乏。在施用生鸡粪和土壤通气不良时,常引起番茄、甜椒的生理病害,如定植后缓苗慢,下部叶片黄化,严重时叶柄也黄化,叶片脱落,根系弱、不能下扎并向两侧伸展等。

(2)蔬菜保护地发生土壤次生盐渍化 大量施用化学肥料导致肥料养分在土壤中大量积累,土壤次生盐渍化,严重影响蔬菜的正常发育,降低蔬菜的产量和品质。其典型症状是:叶色深绿异常,略有萎缩,生长点附近叶缘卷缩黄化。果实肥大缓慢,番茄果实着色不良,形成脐腐果。

(3)蔬菜保护地产生有害气体 在塑料大棚和日光温室栽培中,常常会产生气体危害,这种情况多见于尿素用量过大时,因为施入土壤的尿素在脲酶作用下,形成碳酸氢铵并分解产生大量的氨气。当大棚中氨气的浓度超过10毫克/千克时,蔬菜生长受阻。

(4)土壤缓冲性降低　长期施用化肥,土壤有机质含量下降。而土壤有机质含量高是保证蔬菜健康生长发育的重要因素。土壤有机质含量高,土壤缓冲性大。所以施适量腐熟有机肥,可降低蔬菜有害物质的残留。

为了解决以上问题,在施肥时应坚持以下 4 项原则:一是按照无公害蔬菜要求为原则;二是以有机肥为主,化肥为辅的原则;三是平衡施肥的原则,最高无机氮养分施用量,每公顷不超过 225 千克,中等肥力以上土壤磷肥、钾肥施用量以维持土壤养分平衡为准,高等肥力土壤当季可不施磷、钾肥;四是诊断追肥的原则,蔬菜需要什么肥就追什么肥。

(三)安全用电知识

安全用电应掌握以下常识。

第一,无论是集体或个人,需要安装电气设备和电灯等用电器具时,应由电工进行安装。在使用中,电气设备出现故障时,要由电工进行修理。

第二,自觉遵守安全用电规章制度,禁止私拉电网,私安电炉,用电捕鱼和捕鼠等。

第三,电灯线不要过长,灯头离地面应不小于 2 米。灯头应固定在一个地方,不要拉来拉去,以免损坏电线或灯头造成触电事故。

第四,电动机、吹风机、电风扇、扩音器等金属外壳的电气设备,应按规定进行接地。安装、修理及接地线,要由电工进行。

第五,熔丝(保险丝)要符合规格,要根据用电设备的容量(瓦数)来选择。安装熔丝时,先要拉闸,后断电源,然后再装上合乎要求的熔丝。如果熔丝经常熔断,应由电工查明原因,排除故障。

第六,广播线、电话线要与电力线分杆架设。广播线、电话线在电力线下面穿过时,与电力线的垂直距离不应小于 1.25 米。如果发生广播线与电力线相碰时，广播喇叭将发出怪声，甚至冒烟起火。此时，应赶快关掉广播线上的开关或用木把的斧头、铁锹、镐头等迅速砍断广播线，并且不要靠近带电的线头，要请电工及时处理故障。必须注意：此时不得用手去拨地线，否则将造成触电事故。

第七，晒衣服的铁丝不要靠近电线，以防铁丝与电线相碰。更不要在电线上晒衣服、挂东西。此外，还要防止藤蔓、瓜秧、树木等接触电线。

第八，无论是集体或个人，需要拉、接临时电线时，都必须经供电局同意，由电工安装，禁止私拉乱接临时电线。临时电线要采用橡胶绝缘线，离地面不低于 2.5 米，并且要有专人管理，用过后要及时拆除。

第九，禁止使用“一线一地”的办法安装电灯等。

第十，教育儿童不要玩弄电线、灯头、开关、电动机等电气设备，不要到电动机和变压器附近玩耍，不要爬电杆或摇晃电杆拉线。不要在电线附近放风筝，万一风筝落在电线上，要由电工来处理，不要自己猛拉硬扯，以免电线相碰引起停电和触电事故。不许用石块或弹弓打电线、瓷瓶上的鸟，以防打坏、打断电线或打坏瓷瓶。

第十一，发现落地的电线，离开 10 米以外，更不要用手去拾。同时，要设法看护落地电线，并请电工来处理，以防他人走近而发生触电。

第十二，移动电气设备时，一定要先拉闸停电，后移动设备，绝不要带电移动。把电动机等带金属外壳的电气设备移到新的地点后，要先安装好接地线，并对设备进行检查，确认设备无问题后，才能开始使用。

第十三，不要在电杆和拉线附近挖土，更不要在电杆和拉线附近放炮崩土，以防崩坏、崩断电线。不要把牲畜拴在电杆或电线上，严防电杆倾斜、电线相碰，甚至发生倒杆断线事故。

第十四，电线下方不要立井架。修房屋或砍树木时，对可能碰到的电线，要拉闸停电。砍伐树木时，应先砍树枝，后断树干，并使树干倒向没有电线的一侧。

第十五，船只从电杆下面通过时，要提前放下桅杆。汽车、拖拉机载货时，不要超高。

第十六，电力线埋设深度不应小于1米。平整土地和拖拉机、插秧机田间作业时，应特别注意不要碰断地埋线。

第十七，安装电气设备时，应符合安装要求，不能使用有裂纹或破损的开关、灯头和破皮的电线。电线接头要牢固，并用绝缘胶布包好。发现有破损现象时，要及时找电工修理。

第十八，不要在电线下盖房子、堆柴草和做打场等。在灯泡开关、熔丝盒和电线附近，不要放置油类、棉花、木屑等易燃物品，以防止发生电气火灾。如果发现有烧焦橡皮、塑料的气味，应立即拉闸停电，查明原因妥善处理后，才能合闸。万一发生火灾，要迅速拉闸灭火。如果不能停电，应用盖土、盖沙的办法灭火。一定不要泼水灭火，以防触电。

第十九，在雷雨天气不可走近高压电杆、铁塔、避雷针的接地线和接地体周围，以免因跨越电压而造成触电。

(四)使用电动农机具的知识和技术

第一，电动农机具的金属外壳，必须有可靠的接地装置或临时接地装置。这样，万一农机具的金属外壳带电，电流就会通过地线流入地下，从而避免人身触电事故的发生。

第二，移动电动农机具时须事先关掉电源，不可带电移动。

第三，电动农机具的供电线路必须按照用电规则安装，严禁乱拉乱接。如果农机具离电源较远，应在农机具附近单独安装双刀开关，以便在发生意外时能迅速切断电源。

第四，电动农机具发生故障需停电检修，不能带电检修。同时，要悬挂“禁止合闸”、“有人工作”等警告牌，或者派专人看守，以防有人误将闸刀合上。

第五，使用单相电动机的农机具，要安装低压触电保安器。这样在发生事故时就能自动切断电源，使触电者脱离危险。低压触电保安器要经常保持灵敏可靠，以保证安全。

第六，使用长期未用或受潮的农机具，应在投入正常作业前进行试运转。如果供电后不运转，必须立即拉闸断电，防止烧坏农机具和危及人身安全。

(五)农业机械安全操作规程

第一，起动发动机时，必须遵守下列规定：①变速杆置于空挡位置，离合器处于分离位置。②手摇起动要紧握摇把，站立位置要正确，发动机起动后立即取出摇把。③严禁用溜坡或明火引燃等非正常方式起动。④严冬季节，起动前应加热水预温，严禁用明火预热或无水起动。

第二，农业机械起步或输出动力，必须观察周围情况确认安全并及时发出信号后方可进行。手扶拖拉机起步时，不准在放松离合器手柄的同时，分离一侧转向手柄。

第三，拖拉机倒车时，驾驶员应鸣喇叭、了望确认安全后方可低速倒车。挂接农具时，不准站在农具挂接点的前方。

第四，拖拉机、联合收割机等自走式农业机械通过铁路道口时，必须遵守下列规定：①听从道口安全管理人员的指挥。②通过设有道口信号的铁路道口时，要遵守道口信号的规定。③遇有道口无信号或通过无人看守的道门时，须停车了望确认安全后，方可通过。④不准在道口停留、倒车、超车、掉头。

第五，拖拉机等自走式农业机械在冰雪和泥泞路上行驶时，不准急转弯；同方向行驶的机车，后车与前车要保持必要的安全距离。

第六，拖拉机、联合收割机通过漫水路、漫水桥、小河、池塘时，须查明水情和河床的坚实性确认安全后方可通过。

第七，拖拉机等自走式农业机械在坡路上行驶，必须遵守下列规定：①上下坡途中不准换挡。②下坡时，不准将发动机熄火、空挡滑行。③手扶、履带式拖拉机在下陡坡转向时，要注意反向操作，防止走偏或自动转弯。④不准曲线行驶、急转弯和掉头。

第八，收割机的安全使用必须遵守下列规定：①收割机科技含量高，要求驾驶员必须具备一定的水平，看懂弄懂收割机的使用说明，再经培训部门培训合格，取得驾驶证后方可驾驶收割机。②驾驶收割机时，严禁穿着肥大、没有扣好的工作服，以免工作中衣服被收割机的运动部分缠住，发生意外；严禁穿拖鞋驾驶收割机，以免作业中鞋子打滑，造成操作失灵或发生跌伤。③收割机起动前，应严格检查有关部位，发现问题，及时修复；起动时，须将变速杆、割台、脱粒离合器、卸粮离合器等放在空挡或分离位置，以免引起机械损坏或人身伤害。④清理缠草，排除堵塞，调整、保养、维修收割机时，必须使发动机熄火，熄火后，需要转动皮带轮时，必须由专人进行，以防止发生事故。⑤坡地作业要小心谨慎，坡度过大、地形复杂不易收割时，严禁收割，以防止翻车。⑥收割机工作中要加油时须熄火并远离火种，溢出油迹要及时擦净；夜间工作，严禁用明火，查看油箱存油情况，以防止发生火灾或烧伤人员。⑦收割机工作中需补充加水时，要严格注意水温情况，以防止打开水箱盖时蒸汽烫伤人员。⑧收割机卸粮时，严禁用手或铁器助推粮食，以防止发生机械和人身事故。⑨收割机行驶、倒车、转向时，应密切注意其他人员及电线、水沟、门楼、桥洞等障碍，以防止碰撞。地块转移时，应锁定割台，防止因液压失灵而掉落。⑩在公路行驶时严格遵守交通规则，经过集镇、村庄或人口、车辆密集区，应小心驾驶；必要时，随车人员配合指挥。

四、茄果类蔬菜产地环境标准

关于茄果类蔬菜产地环境标准，这里所引用的是无公害蔬菜生产环境标准。具体是指菜田的水、土壤和空气。

(一)农田灌溉水质量要求

见表1。

表1 农田灌溉水质量要求

序号	项目	指标	
1	氯化物	mg/L≤	250
2	汞	mg/L≤	0.001
3	氟化物	mg/L≤	2.0
4	总铜	mg/L≤	1.0
5	总锌	mg/L≤	3.0
6	总铅	mg/L≤	0.1
7	总镉	mg/L≤	0.005
8	六价铬	mg/L≤	0.1
9	总砷	mg/L≤	0.03
10	粪大肠菌群	个/L	10 000
11	pH值		5.5～8.5
12	石油类	mg/L≤	1.0
13	氰化物	mg/L≤	0.5

(二)土壤环境质量要求

见表2。

表 2　土壤环境质量分级标准

级　别	区	砷	铅	镉	铜	锌	铬	汞
1	安全区≤	5.0	50	0.3	70	100	80	0.2
2	警戒区≤	10.0	70	0.6	100	150	200	0.4
3	污染区≤	20.0	250	1.0	200	200	150	1.0

(三)空气环境质量要求

见表3。

表 3　空气中各项污染物的浓度限值

项　　目	名　　称	取值时间	浓度限值
总悬浮颗粒物	mg/m^3(标准状态)	日均	0.30
二氧化硫	mg/m^3(标准状态)	日均	0.15
氮氧化物	mg/m^3(标准状态)	日均	0.1
铅	mg/m^3(标准状态)	日均	1.0
		季均	0.5
氟化物	$\mu g/m^3$	日均	7.0
	$\mu g/m^3$	月均	3.0
	$\mu g/m^3$	季均	2.0

环境质量标准检测方法见有关文件。

(四)环境清洁注意事项

第一,要合理规划茄果类生产基地,要远离有“三废”污染的工厂地区。特别注意防止化工厂排放的废气及微尘的污染。

第二,原有蔬菜生产基地附近的工厂,应加强环境保护,使“三废”排出物得以处理。

第三,搞好菜田基地建设,合理排灌,保证水源不受污染。

思考题

1. 番茄、茄子、辣椒的形态特征有什么区别?
2. 番茄、茄子、辣椒对外界环境条件要求的异同点是什么?
3. 茄果类蔬菜安全生产应具备哪些知识?

第三章　茄果类蔬菜育苗技术

一、育苗设施种类

(一)酿热温床

酿热温床是利用酿热物中的微生物繁殖、分解、发酵等活动产生热量,提高地温,以供幼苗生长发育的需要。酿热物的种类很多,生产中常因各种有机物的化学成分和物理性状不同,好气性细菌活动有强弱之别。一般将新鲜牛(马)粪、新鲜厩肥、各种油粕、米糠、麦麸、垃圾等归类为高热酿热物;而小麦秸、稻草、树叶、秸草等归为低热酿热物。而增加地热的最好酿热物是马粪,因为马粪的质地疏松,含氮较多,发热快,热量高。南方马较少。牛较多,用牛粪更易就地取材,但发热效果较马粪稍差。使用方法:是将牛、马粪和铡成小段的稻草或麦秸、秸秆等混在一起,边混边浇水,使混合后的酿热物水分含量达70%时,填入苗床,再行踩踏,既要踩实,但又不可踩得太紧。这种方法发热较慢,但持续时间长,热量较均匀,适于较长时间的育苗过程。

在使用麦秸、稻草、米糠等其他酿热物时,最好混入50%的牛、马粪,既可使酿热温度达到要求,发热又比较均匀,持续发热时间比单用牛、马粪的长。酿热物铺设的厚度,一般为20～30厘米,寒冷地区可加厚一些。酿热苗床使用发热物都是农村产的材料,取材方便,故这种苗床应用很广。

用除降温外，还有排除湿气和补充二氧化碳的作用。

利用大棚或小拱棚两侧的门和气窗或通风口，以及揭开的缝隙等处进行通风换气，棚内的热空气外泄，棚外的低温空气则向内流入，达到换气的目的。通风口的位置，最好设在常年风向的背风面。需要大通风时，采用开膛通风或掀底裙通风，降温的效果明显。

人工通风降温是利用排风扇通风降温，排风扇最好安装在大棚的顶部，但安装困难，多数安装在大棚的一侧，利用另一侧的通风口进气。

3. 空气冷却法　用通风的方法不可能使室内温度降到外界气温以下，利用冷风的空气冷却法才能使温度降到外界气温以下，以适于夏、秋育苗的幼苗生长。

(1)*气化冷却法*　①喷雾法是在进风口前有喷雾器，用循环水喷热空气，由于气化空气被冷却后进入室(棚)内，为了防止喷雾水粒流入室内，在窗口上设有波状的镀锌铁板，将水粒挡住往下流，再收入水槽内使用。能使 32℃的空气冷却到 27℃左右。②水垫法是在进风口内设 10 厘米厚的棕毛垫窗，用循环水不断地流湿这个窗内的棕毛垫，使外空气通过这个垫窗时被冷却。

(2)*冷水冷却法*　①喷雾法。也是用冷水喷雾外气(即进风口外的气体)，能冷却到露点温度以下，喷雾口径愈小，水和空气接触面愈大，冷却度就愈高。②水箱式。在进口处安装汽车的水箱，冷水流入水箱使外气通过水箱被冷却，由于接触水箱时间短，效果不是很高，能降温 4℃左右。③浇水法。进风口处排列很多竹条，冷水从上边浇竹条，外气通过这里时被冷却，也能降温 5℃左右。

(六)补光设施

1. 灯源　一般用日光灯、高压水银灯等，也有为加强蓝色和红色部分的育苗补光专用荧光灯，三者差异不大。40 瓦的日光灯 3 根合在一起，离苗 45 厘米高处照射的光度是3 000～3 500 勒；育苗用荧光灯 40 瓦 3 根是1 000～1 500 勒；100 瓦高压水银灯离苗 80 厘米是800～1000 勒的强度。

2. 照明时间 实际生产中用 3 000 勒水银灯和 2 000 勒以下荧光灯做灯源，可以长时间照明。

(七)施用二氧化碳设备

西欧国家和日本的二氧化碳来源主要有 2 种：一种是用燃烧器直接燃烧碳氢化合物，这就是所谓的二氧化碳发生器；另一种是用纯二氧化碳气体直接放入温室。

碳氢化合物目前普遍应用的是白煤油、丙烷和天然气 3 种。每升白煤油燃烧后产生 2.5 千克的二氧化碳；每千克丙烷燃烧后能产生 3 千克的二氧化碳；而每立方米天然气只能产生 1.96 千克的二氧化碳。

纯二氧化碳一般是低温(－18℃)加压液化，装入钢瓶内。一般小钢瓶只能装 25～50 千克二氧化碳，大的装置每个贮气量为 1.75～5.2 吨。

我国许多学者研究认为，对大多数温室作物来说，以增施大气标准二氧化碳浓度的 3 倍量较为适宜。

二氧化碳的来源有以下 4 种：①用化学方法产生二氧化碳。主要是指用强酸和碳酸盐进行化学作用，可放出相当数量的二氧化碳。用石灰石($CaCO_3$)和盐酸作用产生二氧化碳成本最低。但在农村推广有设备上的困难。②液化二氧化碳。液化二氧化碳纯度达 99.98%，比较便宜，但需要密封的耐高压无缝钢瓶装二氧化碳。鞍山市高压容器厂生产的 GTP-216-150-40 型钢瓶可装 25 千克二氧化碳，适用于 300 平方米面积的育苗棚。③用生物方法产生二氧化碳。目前做法是在番茄、黄瓜等高秆作物的行间种植平菇、香菇等食用菌，因为食用菌出菇时可放出大量的二氧化碳。④燃煤产生二氧化碳。中国人民解放军第二炮兵科技开发局研究的温室气肥增施装置(三型)正在向全国推广,已由北京长缨机电设备厂生产。这种装置靠烧煤产生二氧化碳,解决了毒气问题,可安全使用(图1)。

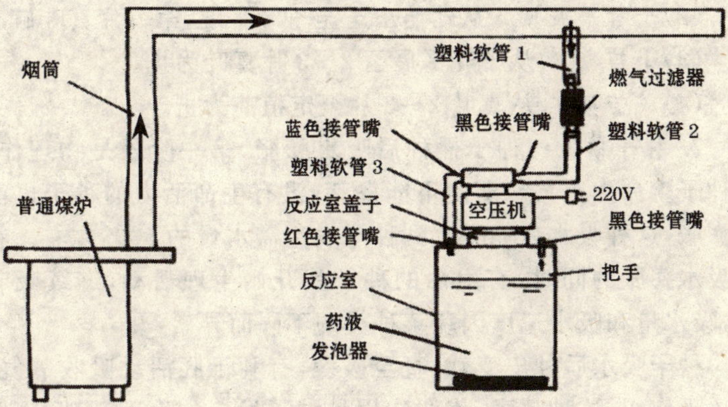

图1　温室气肥增施装置原理

二、常规育苗技术

(一)壮苗的标准

壮苗的标准是:茎粗壮、紫绿;节间较短,壮苗一般较矮壮;叶大而厚,叶色深绿,开展度较大;根系发达,须根多,白而粗,定植后容易成活;定植后活转快,生长旺盛,开花结果早;壮苗体的厚角组织和木质部都比较发达,起支撑作用,壮苗比较挺直;体内干物质含量较多(干物质包括碳水化合物、含氮物质等),水分较少。其中较高的含糖量,是壮苗较耐低温的主要原因。

(二)茄果类蔬菜幼苗的生长与发育

1. 秧苗的生长进程

(1)发芽期　种子萌发的过程,从播种至幼苗出土。

(2)子叶平展期　从幼苗出土至子叶平展,第一片真叶破心。

(3)小苗期　从子叶平展至2～3片真叶为止。

(4)成苗期　从真叶2～3片至定植前为止。

2. 种子萌发　种子播种后吸水膨胀,第一阶段是物理作用,和种子生命力有关。即使不能发芽,没有生命活力的种子也能吸水膨胀,这种吸水量能吸收到种子发芽需水量的50%左右。在种子吸水膨胀的同时,有生命的种子就开始生理活动,继续吸收水分,吸水量和吸水速度因蔬菜种类的不同而异。

种子吸水后种皮变软,直至破裂,有利于胚活动吸收氧气,增强呼吸作用,这种呼吸、代谢作用是种子发芽的生理基础,因此种子发芽与出苗有密切关系。但是发芽的种子不一定都能出苗,只有在播种后农业措施(如水分、温度、氧气、土壤条件等)相当好时,种子才能出苗。

3. 幼苗的营养生长　营养生长是指根、茎、叶等营养体的生长,根的生长从种子发芽后就开始胚根的生长。先长主根,后长侧根,逐渐形成根群,称为根系。根的生长与茎叶生长有密切的关系。茎叶生长是依靠根系吸收养分和水分,供给光合作用的需要;根系的生长又依赖茎叶的光合产物来促进。根数多,活力强,幼苗就好。

4. 幼苗的生殖生长　果菜类幼苗的花芽分化,对今后花的素质、开花早晚十分重要。番茄在播后25～30天、第二片真叶展开时,第一花序的花芽开始分化。辣椒在播后35天左右、4片真叶展开时,第一朵花芽开始分化。茄子在播后35天左右、2～3片真叶展开时,第一花序的花芽开始分化。一个花序分化2～4朵花,但其中只有1朵花能发育开花。

(三)育苗条件与壮苗的关系

1. 温度　在育苗过程中,要尽可能创造秧苗适宜生长的温度环境(表4)。

表4　茄果类蔬菜育苗的适宜温度

蔬菜种类	气温(℃)			地温(℃)	
	白天适温	夜间适温	夜间最低温	适　温	实用最低温
番　茄	20～25	12～16	5	20～23	13
茄　子	23～28	16～20	10	23～25	15
辣　椒	23～28	17～20	12	23～25	15

育苗工作就是采取一切措施,尽可能地满足幼苗生长发育的需要,争取育成理想的壮苗。一般而言,幼苗不同的生长发育阶段,对温度的要求也有所不同。出苗时温度要高些,以利于出苗;出苗后温度要低些,以控制胚轴的伸长;花芽分化期温度要适宜;移苗时冬、春季温度要高些,夏、秋季节要低些,以利于幼苗的成活;定植到大田前冬、春季温度要低些,夏、秋季要高些,使幼苗对大田环境条件有个适应的过程。

2. 光照　在充足的光照条件下,作物才能制造较多的光合产物,使幼苗生长发育健壮。其影响包括3个方面。

(1)*光照强度*　蔬菜育苗由于密度较大,苗距小,往往下位叶见光少而造成黄化落叶。为了培育壮苗,必须增大绿叶面积,多制造和积累养分,所以保持适当苗距,增加幼苗中、下部叶片见光量是十分重要的。长江流域冬、春季节阴雨天多,光照强度低,外界光照强度在10 000勒以下,温室或塑料棚内有时还不到5 000勒,不能满足光合作用的需要,所以进行人工补光很有必要。夏、秋季节的晴天,外界自然光照的强度可超过15万勒,所以采取遮光很有必要。因为番茄的光饱和点为 70 000 勒,茄子为 40 000 勒,辣椒为 30 000 勒,均小于外界光照强度。

(2)光照时间　光照时间的长短与花器官的形成密切相关。增加光照时间可促进花芽的形成和发育。

(3)光质　光质对植物体内各种物质的合成有密切的关系,不同波长的光可生成不同的物质,有的能促进生长,有的能抑制生长。红外光可供给蔬菜作物的热量。红光和黄光是光合作用最有效的光线。红光与青光混合对番茄干物质的增长量最大。蓝、紫光能使幼苗干物质增加,能防止秧苗徒长。

3. 水分　水是植物生命活动不可缺少的成分和媒介物质。一般植物每形成 1 克干物质,要消耗 400～800 毫升的水分。土壤中水分不足、根系的吸水量不能满足蒸腾的耗水量时,就会抑制秧苗的生理活动,出现萎蔫现象,此时光合作用效率仅为正常时的一半;如继续缺水,光合作用将近于停止,生长趋向停滞。

4. 肥料　在育苗过程中,只有养分供应充足,才能根深叶茂,生长正常,果菜类花芽分化早,花的素质也好。根据作物对各种元素需要量的顺序排列,大致是氮、钾、磷、钙、镁、硫、铁、锰、硼、锌、铜、钼等。各种养分在植物体内是有一定比例的,并不是愈多愈好(表 5)。

表 5　植物所需营养元素的平均浓度

元　素	平均浓度(ppm)	元　素	平均浓度(ppm)
氮	200～400	锰	0.5～5.0
钾	100～200	硼	0.5～5.0
磷	80～100	铜	0.5
镁	50～100	锌	0.5
钙	300～500	钼	0.5
铁	2～10		

5. 气肥　植物除了需要以上各种矿物元素外，还需要氧、氢、氮、碳等来自空气中的元素，这些元素称为气肥，主要是氧和二氧化碳。种子发芽、根部呼吸均需氧；二氧化碳有利于增加叶面积，使叶色变深，叶片变厚，增强光合效率。

(四)苗床的选址和建造

在冬季和早春培育茄果类蔬菜秧苗，必须有防寒保暖设备。在生产上广泛应用的是冷床和温床。但近年生产中育苗方式已日趋多样化。

所谓冷床，实际上并不冷，而是利用日光热加温的苗床，也可称之为日光温床。长江流域 11 月以前播种的茄子、辣椒和一部分番茄大多用冷床。12 月以后播种的番茄播种床，和 12 月到翌年 1 月间用的茄子、辣椒、番茄的移植床，都用温床。但有的大城市郊区茄果类秧苗基本上都是用的冷床，用温床的较少。

1. 苗床场址的选择　设置苗床的场地，要选背风向阳、地势高燥、排水良好、离大田近、管理和交通方便的地方，而且要选择最近一二年内没种过茄果类蔬菜的地块。其中阳光充足是最重要的一条，这是因为冷床全靠阳光提高热度，阳光也是温床的主要热源，同时只有阳光充足，秧苗才能很好的进行光合作用，多制造养分，成为壮苗。如果在场地的北面有现成的建筑物和树木能挡住冷风，当然很好，但场地的东西两面不能有高大的建筑物和树木挡住阳光，场地的南面更不能有遮光的物体。只要场地开敞，有没有现成的建筑物是次要的，搭起风障也可挡住冷风。

地势高的场所可多照阳光，而且排水也比较容易。倘若苗床地排水不好，则床内湿度难以控制，床土湿度过高，土温降低，秧苗生育不良，容易发病。

2. 苗床管理　在用冷床和温床育苗的露地环境下，气候寒冷，秧苗不能生活，必须采用各种技术措施，才能在苗床里创造适合秧苗生长发育的环境条件。所以,在冷床和温床育苗的整个过程中,都需要精细管理,管理人员不仅白天不能离开苗床,而且夜间也要经常照顾苗床。特别是在刮大风、降雨、下雪时,夜间的管理任务是很繁重的。因而在选定育苗床场地时,还应考虑管理人员工作方便。附近应有人员住宿和放农具的地方。定植时要把大量秧苗从苗床搬运到田间去。用营养钵或营养块育苗的,每株秧苗连土重 0.5～1 千克,而且秧苗的枝叶柔嫩容易折伤,所以定植时的搬运工作量是相当大的操作。这是育苗场地需要交通方便和离大田近的重要原因。

(五)育苗床土及其配制

1. 育苗床土的要求 育苗床土又叫培养土,是培育壮苗的基础。蔬菜育苗要求床土具备以下条件:①高度的持水性和良好的透气性。优良床土必须是浇水后不板结,干燥时表面不裂;保水保肥力强,制成土坨不易散坨。②富含矿质营养和有机质。床土营养丰富、全面。一般要求有机质含量高于 1.5%～3%,全氮含量为 0.8%～1.2%,速效氮含量 100～150 毫克/千克,速效磷不低于 200 毫克/千克,速效钾含量不低于 100 毫克/千克。③良好的化学性。适宜 pH 值为 6～7,过酸、过碱都会阻碍秧苗的生长发育。有机物充分腐熟,不能含有影响秧苗生长及根系发育的有毒有害化学物质,如油类物质、除草剂等。农药、重金属等公害因子在限量标准以下。④良好的生物性。富含有益微生物,不带病原菌和害虫等有害生物。

为达到上述要求,床土应按一定的配方专门配制。配制床土常用的主要原料有 2 类:一是有机肥;二是菜园田土。比较理想的有机肥原料为草炭、马粪等,也可用有机质含量较高、充分腐熟的其他厩肥、堆肥等。无论是哪种有机肥,用于床土配制前都必须经过充分堆制腐熟。园田土要求取自非重茬地,理化和生物性状良好，最好使用葱蒜类茬口的园田土。有机肥源不足的地区，床土配制时可适量加入化肥。

育苗床土的具体配方视不同蔬菜和育苗时期灵活掌握。一般，播种床要求肥力较高，土质更疏松，因而有机肥的比例较高，其有机肥和园土之比为6～7∶3～4；分苗床要求土壤具有一定的黏结性，以免定植时散坨伤根，其肥、土比为3～5∶5～7。不论采用什么配方配制床土，当速效氮和速效磷低于50毫克/千克时，可掺入化肥提高养分含量。通常，每立方米床土可加入尿素0.25千克、过磷酸钙2～2.5千克，切莫加入过多。掺入化肥后，必须充分拌匀，以免烧伤幼苗。

配制好的床土，必要时应进行消毒。常用的消毒方法有药剂消毒和物理消毒。药剂消毒常用福尔马林、井冈霉素、氯化苦、溴甲烷等。如用0.5%福尔马林溶液喷洒床土，喷后拌匀后密封堆置5～7天，然后揭开薄膜待药味挥发后再使用，可防治猝倒病和菌核病；用井冈霉素溶液(5%井冈霉素12毫升，对水50升)在播前浇底水后喷在床面上，对苗期病害有一定防效。物理消毒方法有蒸汽消毒、太阳能消毒、微波消毒等。欧美等国家常用蒸汽进行床土消毒，对防治猝倒病、立枯病、枯萎病、菌核病等都有良好的效果。

2. 育苗时期的确定 播种期的确定一般是从定植时间按某种蔬菜的日历苗龄向前推算。理论日历苗龄取决于设施性能、蔬菜种类和形态苗龄标准。一种蔬菜幼苗长到一定大小需要一定的天数，是由于幼苗生长到每一特定的形态苗龄都需要一定的积温(表6)，只有满足幼苗生长发育最低要求以上的积温(有效积温)才对幼苗生长发育是有效的。实际日历苗龄除理论日历苗龄外，还要考虑分苗次数和定植前秧苗锻炼天数等。

表 6　几类蔬菜幼苗生长发育所需理论积温和苗龄

蔬菜种类	生长发育过程								苗龄（天）	积温（℃）
	催芽（天）	积温（℃）	出苗（天）	积温（℃）	子叶期（天）	积温（℃）	成苗期（天）	积温（℃）		
番　茄	4	130	3	70	8	130	35	685	50	1015
茄子、辣椒	6	180	5	110	8	140	41～44	820～880	60～65	1250～1310

分苗难免对幼苗有一定的损伤，每次分苗后都有一定的缓苗期。缓苗期的长短主要取决于分苗方式和设施性能，一般需要3～5 天。因此，在确定实际日历苗龄时，每分 1 次苗，应增加苗龄天数 3～5 天。定植前秧苗锻炼，由于处于胁迫条件下秧苗生长缓慢，一般又需再加苗龄天数 3～5 天。此外，在设施性能较差，或气候多变的季节育苗，日历苗龄应再加机动时间 3～5 天。

3. 苗床准备　育苗前，应根据育苗蔬菜对环境的适应能力准备和选用育苗设施。苗床面积应根据计划栽植苗数、成苗营养面积等确定。使用旧育苗设施时，育苗前应进行设施修复和环境消毒；新建育苗设施应在使用前或土壤上冻前完成施工。设施准备好后，应在设施内铺设育苗床。温室、塑料大棚等大型设施内一般设置多个苗床，每个苗床畦宽1～1.5 米；温床、冷床、塑料小拱棚等小型设施内，一般只设 1 个苗床。采用地加热线育苗的，应事先在床内布设好地热线，并接通电源。单位苗床面积地热线的布线功率密度取决于设施类型、蔬菜种类、育苗地区、育苗季节等，一般为 80～120 瓦/平方米。

苗床准备好后，应在床内填入配制好的床土。茄果类等蔬菜，一般分设播种床和分苗床，应分别填入已准备好的播种床和分苗床的床土。播种床床土厚度 5～6 厘米，分苗床床土厚度 10～12 厘米，常装入育苗容器（塑料钵、纸钵、泥钵等）内。苗床装填好后，应整平床面，以便播种时均匀浇水。

低温季节育苗，苗床准备好后，应于使用前 3～5 天覆盖设施升温。

4. 苗床播种

(1)播种量　播种量是影响秧苗质量和育苗效率的重要因素。播种前要根据生产上单位面积用苗数、单位重量种子粒数、种子用价和安全系数，计算每 667 平方米实际需要的种子量。计算公式如下：

$$\text{每667平方米需种量(克)}=\frac{\text{定植每667平方米需苗数}}{(\text{每克种子粒数}\times\text{种子纯度}\times\text{发芽率})}\times\text{安全系数}$$

式中：安全系数取值范围为 1.5～2。一般，在适宜育苗条件下，每 667 平方米定植面积需种量为：番茄 20～30 克，辣椒 80～110 克，茄子 35～40 克。

苗床单位面积播种量应根据蔬菜种类及播种方式而定。中、小粒种子类蔬菜如茄果类等，一般采用撒播法，可按每 10 平方厘米需 3～4 粒有效种子计算。播种量确定的原则是：既要充分利用播种床的面积，又要防止播种过密造成幼苗徒长。种子质量高、分苗晚，可适当稀播；反之应适当密播。

(2)播种技术　苗床播种应根据天气预报确定具体播种日期，争取播后能有 3～5 个晴天。播前先浇透底水，以湿透床土 7～10 厘米为宜，浇水后薄薄撒一层细床土，并借此将床面凹处填平即可播种。小粒种子多撒播，为保证播种均匀，可掺细土播种。播后应立即用潮湿的细土覆盖种子。覆土厚度 0.5～1 厘米，如盖土太薄，床土易干，出苗时易发生子叶“戴帽”；盖土过厚，出苗延迟。若盖药土，应先撒药土，后盖细土。为增温保湿，播后立即用地膜覆盖床面或育苗盘等容器，在出苗过程中膜下水滴多时可取下薄膜，抖落掉水滴再盖上，直至开始出苗时撤掉。

5. 播种床管理

(1)出苗期　播种时在浇足底水的前提下，关键是温度和光照的管理。芽子出土前,加温育苗可保持昼夜恒温,喜温蔬菜25℃~28℃,喜凉蔬菜 20℃~25℃。为节约能耗,夜间喜温蔬菜和喜凉蔬菜可分别降至 18℃~20℃和 15℃~18℃。光照管理依天气而定,天气好时白天应揭去保温覆盖物靠阳光增温,天气不好时以盖床保温为主。当芽子大量拱出土时,应及时改为昼夜温差管理,白天必须照光,以免形成下胚轴徒长的"高脚苗"。同时,及时撤掉覆盖地面的薄膜,防止烤坏幼芽。发现土面裂缝及"戴帽"出土时,可撒盖湿润细土,填补土缝,增加土表湿润度及压力,以助子叶脱壳。

(2)籽苗期　是幼苗最易徒长("拔脖")的时期,温、光调控要适宜,以防止幼茎徒长。出苗后适当降低夜温是控制徒长的有效措施,喜温果菜的夜温降至 12℃~15℃,昼温保持 25℃~26℃。尽量多见光也是防止幼茎徒长的有效措施,白天必须增光,灾害性天气如雪天也应每天适当见光。久阴暴晴后,应通过遮荫使幼苗逐渐适应强光。

(3)小苗期　此期的管理原则是"促控结合",适当提高夜温,促进叶面积扩大和基本同化器官的健壮生长。喜温果菜昼夜温分别保持 25℃~26℃和 15℃~17℃,随外界气温上升加大通风量。如播种时底水充足不必浇水,可向床面撒一层湿润细土保墒。如底水不足床土较干,可选晴天一次性喷透水然后再保墒,切忌小水勤浇。经常清洁玻璃或薄膜,增强室内光照;适当早揭晚盖帘子,延长小苗受光时间,促进光合产物的积累。如遇灾害性天气,处理方法同籽苗期。如发生猝倒病应控水防病,必要时可提前分苗,防止病害蔓延。

6. 分苗　分苗是育苗过程中的移植,主要目的是扩大营养面积。

(1)分苗原则　一次点播,营养面积足够的可不分苗。分苗虽能刺激侧根发生,但毕竟对幼苗造成创伤,苗越大,分苗伤害越重。因此,应尽量早分苗,少分苗。茄果类蔬菜最晚必须在花芽开始分化前分苗。

(2)营养面积　分苗所需的营养面积大小，取决于成苗大小、单叶面积大小和叶开张度等因素。一般茄果类分苗距离为8～10厘米。

(3)分苗技术　分苗前3～4天，播种床幼苗要通风降温和控水锻炼，提高其适应能力。分苗前1天对播种床浇透水，以便于起苗和减少伤根。分苗尤其是在小型设施内分苗，宜在温暖的晴天进行，以免小苗受冷害。

分苗方法有开沟分苗、切块分苗和容器分苗。开沟分苗缓苗快，但护根效果差；容器分苗技术性强，但护根效果好。开沟分苗时，从装填好床土的分苗床一端，先开深5～8厘米的浅沟，沟内浇足水，趁水未渗完时按株距在沟内摆苗，并覆土扶直幼苗。切块分苗，先在铺好床土的床内浇透水，水渗下后用刀将床土划透成等边的方块，然后在切块内分苗。容器分苗一般也是先在摆好容器的床内浇透水，然后在容器内分苗。切块和容器分苗有2种做法：一种是先用1根粗竹竿或细木棒在切块或容器中央扎一深约5厘米的孔，在孔内放苗，然后在孔内填入潮湿的细床土，压实；另一种是一只手持苗，拇指和中指捏住苗上端，食指摁住苗根部，趁浇水后床土湿软时直接将苗根部压入切块或容器中央的泥土内，然后用潮湿的细床土覆盖、压实。

分苗深度一般以子叶节与地面齐平为度。子叶已脱落的苗或徒长苗可适当埋深些。分苗时，应尽量减少对幼苗根系和茎叶的损伤，以缩短分苗后的愈伤缓苗期。

7. 分苗后的管理

(1)缓苗期管理　分苗后缓苗期一般3～5天，管理原则是高温、高湿和弱光照。因为分苗后根系恢复生长要求较高的地温，为减少叶片蒸腾失水，维持幼苗体内水分平衡，应保持较高的空气湿度，并避免强光。一般喜温蔬菜地温不能低于18℃～20℃，气温白天 25℃～28℃,夜温 20℃(不应低于 15℃)。为了保湿,缓苗期间不通风。光照过强时,应适当遮荫,防止苗子日晒后萎蔫。分苗后,由于幼苗生长暂时停滞或减缓,心叶色泽由鲜绿转为暗绿。当幼苗心叶再次由暗绿转为鲜绿时,表明根系和幼叶已恢复生长,幼苗已缓苗。

(2)成苗期管理 缓苗后幼苗生长加快,生长量大,果菜类开始花芽分化,是决定秧苗质量的重要时期,应加强温度和光照管理。缓苗后,及时降低夜温,以防止徒长,降低茄果类花芽分化节位,喜温果菜白天为 25℃左右,夜间为 12℃～14℃;但长时期连续夜温过低(如番茄低于 10℃)易出现畸形果。

在幼苗封行以前,苗距大,光照好,幼苗不易徒长,可适当少通风,一般仅在白天通风,并注意通风由小到大、由南到北逐渐增加的原则。如通风过猛,因幼苗不能适应空气湿度和温度的剧烈变化,易出现叶片萎蔫,2～3 天后叶面出现白斑,叶缘干枯,甚至叶片干裂的现象,菜农称之为“闪苗”。封行后,幼苗基部光照逐渐减弱,空气湿度较大,因而极易徒长,应加强通风,夜间也可适当通风。同时,应经常清洁透明覆盖物,尽量增加设施内光照强度。育苗容器较小的,应随着幼苗生长调整苗钵距离,封行后及时加大苗钵距离,扩大幼苗生长空间。

(3)定植前锻炼 为使秧苗定植到大田后能适应栽培场所的环境条件,加速缓苗生长,增强抗逆性,应从定植前 3～5 天开始锻炼秧苗。锻炼的主要措施是降温控水,加强通风和光照。锻炼期间,应逐渐加大育苗设施的通风量,降温排湿,停止浇水,特别是要降低夜温,加大昼夜温差。如果是露地培育的秧苗,最后应昼夜均撤去覆盖物,使秧苗完全适应露地环境,但必须注意防止夜间霜害。保护地培育的秧苗应以能适应定植场所的气候条件为锻炼标准。在锻炼期间,喜温果菜类最低可达 7℃～8℃,个别蔬菜如番茄可达 5℃～6℃,经过较低夜温锻炼可有效提高秧苗的耐寒性。

定植前锻炼也不能过度，否则易导致形成番茄“老化苗”，对定植在温暖条件下（如温室）的秧苗，可轻度锻炼或不锻炼。

三、嫁接育苗技术

（一）砧木选择

嫁接育苗的关键是砧木选择。首先，砧木应具有突出的抗病或抗逆特点，能弥补栽培品种的性状缺陷；其次，砧木应与接穗具有高度的嫁接亲和力，以保证嫁接后伤口及时愈合成活；第三，砧木还应与接穗有高度的共生亲和力，以保证嫁接成活苗栽培后正常生长，对果实品质等无不良影响。茄子用赤茄、托鲁巴姆、耐病VF、利茄（CRP）等野生茄或其杂交种做砧木。番茄用兴津101、LS-89、耐病新交1号、斯库拉姆、安克特等野生番茄或其杂交种做砧木。辣（甜）椒用铁木砧和铁金钢做砧木。

（二）砧木和接穗的培养

与不嫁接的自根苗相比，嫁接育苗因接穗在嫁接愈合期生长较慢，播种期一般应提早5～8天。砧木和接穗的具体播期因接穗和砧木种子萌发及幼苗生长速度、嫁接方法等不同而异。番茄接穗比砧木晚播3～5天，茄子接穗应较砧木赤茄晚播7天，较砧木托鲁巴姆晚播25～30天。

砧木和接穗的种子可浸种、催芽后播种。接穗一般撒播于疏松的培养土中；砧木可撒播或点播于营养钵中，具体依嫁接方法选择。嫁接时对接穗和砧木苗大小的要求，也因蔬菜种类和嫁接方法的不同而异。茄子接穗苗一般达3～4片真叶，砧木苗以达5～6片真叶为宜。

(三)嫁接方法

1. 靠接法 是果菜类蔬菜应用最为普遍的嫁接方法。因接穗与砧木以舌形套接,故又称为舌靠接。接穗苗和砧木苗常撒播培养。嫁接时,分别拔出砧木苗和接穗苗,在操作台上嫁接。先备砧木,切除真叶及生长点,在子叶节下 0.5 厘米处由上向下斜切至胚轴直径的 1/2,刀口长约 1 厘米。后削接穗,在子叶节下 1.5～2 厘米处由下向上斜切至胚轴直径的 2/3 处,刀口长约 1 厘米。最后将接穗和砧木的切开部分相互吻合接好,用嫁接夹固定。嫁接后将砧木和接穗同时栽入营养钵中,接穗的根系置于营养土表面浅覆盖,并与砧木根系保持一定距离,以便后期断根。靠接后 10 天左右,当伤口愈合、嫁接成活后,从接口下部逐渐截断接穗的根系。此种嫁接方法虽然操作较麻烦,但成活率高。

2. 劈接法 砧木在营养钵播种培养,接穗撒播培养。嫁接时,先用刀片切除砧木的真叶和生长点,从 2 片子叶中间并靠胚轴一边向下斜切 1 刀,深约 1 厘米;拔起接穗苗,从子叶下 2～3 厘米处向下斜切胚轴,刀口长 0.8～1 厘米,使成楔形,切面要光滑。然后将削好的接穗迅速插入砧木的切口内,使接穗与砧木的一边对齐。并及时用嫁接夹或塑料薄膜固定。嫁接后接穗的子叶在砧木的子叶之上,两者相互交叉呈“十”字形。此法操作容易,成活率较高。

3. 插接法 砧木在营养钵播种培养,接穗撒播培养。嫁接时,先切除砧木真叶及生长点,用一与接穗下胚轴粗细相当的竹签,由一子叶基部的下胚轴向另一子叶的下方斜插至表皮处,插孔长约 0.6 厘米。后削接穗,在接穗苗的子叶节下约 0.5 厘米处,用刀片斜切下胚轴成两段,刀口长约 0.6 厘米。削切好接穗后,立即拔出竹签,将接穗插入插孔,并使接穗的 2 片子叶与砧木的 2 片子叶呈“十”字形。此法操作简便,且不需固定,工效高,但成活率较低。

4. 斜切接法 多用于茄果类嫁接,又叫贴接法。当砧木苗长到5～6片叶时，保留基部2片真叶，从第二片真叶上方的节间斜切，去掉顶端，形成30°左右的斜面，斜面长1～1.5厘米。再将接穗苗拔下，保留上部2～3片真叶和生长点，从第二或第三片真叶下部斜切1刀，去掉下端，形成与砧木斜面大小相等的斜面。然后将砧木的斜面与接穗的斜面贴合在一起，用嫁接夹固定。

（四）嫁接后的管理

嫁接后愈合期的管理是嫁接苗成活的关键，应加强保温、保湿、遮光等管理。一般嫁接后的4～5天，苗床内应保持较高温度，茄子白天25℃～26℃，夜间20℃～22℃；空气相对湿度应保持在95％以上或接近饱和状态，不能通风。嫁接后1～2天如为晴天应遮光防晒，2～3天后逐渐见光，4～5天全部去掉遮荫物。5天后可逐渐降温2℃～3℃；8～9天后接穗已明显生长时，可开始通风、降温、降湿；10～12天除去固定物，进入苗床的正常管理。育苗期间及定植前，应随时抹去砧木侧芽，以利于接穗的正常生长。

四、春季露地育苗

番茄、茄子、辣椒春季露地育苗除掌握一般育苗技术外，应着重抓好以下关键技术。

（一）防冻保苗

喜温性蔬菜春季育苗时，应防止低温造成的冷害。播期应掌握在终霜后正好出苗为宜；为保证出苗整齐，播后可用废旧塑料薄膜平铺畦面增温保湿，促进发芽。如果出苗后遇到寒流或霜冻，应事先做好临时保护，如用地膜覆盖等。

(二)防旱保苗

因种子小,出苗时间长,容易受干旱的威胁。特别在春风较大的地区,土壤更易干旱,阻碍种子发芽出土。对这些蔬菜育苗,应细致整地,并经常保持土壤湿润,防止苗根枯死,必要时于播种后加地面覆盖保墒。

(三)防草保苗

杂草一般比蔬菜出苗早,春季生长更快,应将其消灭在初生阶段,防止对秧苗产生危害。可结合苗床中耕保墒,用手工除草。对于撒播且幼苗密度大的苗床,可用除草剂除草。25%胺草膦乳油(200 克/667 平方米)、70%赛克津可湿性粉剂(100 克/667 平方米)可用于番茄播后出苗前除草。

(四)露地育苗的管理技术

主要做好水分管理,其他基本同设施育苗。

五、夏季露地育苗

(一)防止高温强光危害

高温强光不利于蔬菜幼苗生长,可用遮阳网覆盖苗床。另外,苗床可选在高棵作物遮荫下或田间阴凉处;在苗床上撒一些截短的麦秸和稻草;出苗期间或出苗后早、晚用井水进行凉爽灌溉等,都是有效措施。

(二)防治病虫害

高温条件下,蔬菜病毒病等病虫害严重,应选用抗病虫品种,并尽量创造幼苗健壮生长和不利于病虫害发生的条件。用防虫网覆盖可防虫，防蚜虫同时也有利于防病毒病；用频振式杀虫灯和黄胶板诱杀，用银灰膜驱避防虫；用种衣剂包衣种子或药剂浸种可有效控制种苗病害；必要时可用农药防治。

(三)防止暴雨危害

夏季暴雨易使土壤板结或造成涝害，应选地势高燥的砂壤土为宜。育苗期遇暴雨要及时排水，也可采用简易覆盖防雨措施。如土壤板结，可在苗床上轻耙或轻浇水，以湿润床面。

(四)防止秧苗徒长

高温季节秧苗很易徒长，预防徒长除控水、及时分苗、加大营养面积等措施外，喷 40%～50%矮壮素(1 000 倍液)可使番茄秧苗粗壮，促进花芽分化。

六、扦插育苗技术

扦插育苗是无性繁殖方法，多用于特殊品种的生产和科研中，如番茄侧枝扦插育苗。其突出优点是能够保持种性，显著缩短育苗期，方法简便。但由于育苗量受无性繁殖器官来源的限制，加之发根条件较为严格，一般只适用于小批量育苗。扦插育苗法的技术关键在于促进发根，技术要点在于发根期间保持适宜的温度、较高的空气相对湿度和较弱的光照，还可用生长素(如萘乙酸 500 毫克/升、吲哚乙酸 1 000 毫克/升)或生根剂处理，促进生根。可以用床土、炉渣、沙、蛭石、珍珠岩等固体基质栽培，也可用水培或气培。为了减少病害，最好对基质进行消毒。在扦插后发根期 3～5 天，不需供给营养，但需较高的温度和空气相对湿度，如光照过强应适当遮荫。发根以后的秧苗培育与一般育苗相同。

七、工厂化育苗技术

(一)工厂化育苗的特点

1. 育苗设施现代化 先进的育苗设施是创造、调控和优化蔬菜育苗生态环境的保障。工厂化育苗一般都在现代化温室内进行,配备有良好的保温、加温、降温、采光、补光、遮光、喷水(雾)等环境调控和智能化管理系统,并有基质调配和装填、精量播种、自动供液和施肥等系统。

2. 育苗技术和工艺标准化 采用标准化的育苗技术和工艺是成批生产整齐一致优质商品苗的保障。标准的工艺流程和标准的技术措施,是建立在蔬菜秧苗生长发育规律及育苗者对秧苗生产规格要求基础之上,并与环境调控系统紧密配套的。

3. 育苗手段机械化和自动化 工厂化育苗的主要或全部环节实行机械化或自动化操作,并向自动化作业方向发展,这是高效育苗的保障。

4. 管理科学化 工厂化育苗是较大规模的专业化育苗,必须由现代企业经营,按照科学化的管理,组织生产和市场营销。这是工厂化育苗效益的重要保障。

5. 秧苗产品规格化 以一定育苗程序分阶段作业,按计划时间及秧苗规格成批生产秧苗,不同批次的同一秧苗产品可保证稳定的相同规格。这是工厂化育苗占有市场的重要保障。

(二)工厂化育苗的场地

1. 播种车间 面积约100平方米,主要安装精量播种流水线,并放置部分育苗基质、肥料、育苗盘、运苗车等。要求空间充足,便于操作,水、电、暖设备齐全。

2. 催芽室　大小以育苗规模而定。催芽设备主要有加温、增湿、空气交换等自动控制和显示系统。要求温度在 20℃～35℃，并可以调控，空气相对湿度控制在 85%～90%，室内温、湿度分布均匀。

3. 育苗温室　一般为自控现代化温室。

(三)工厂化育苗的主要设备

1. 育苗容器　工厂化育苗一般都采用容器育苗。容器主要为塑料钵，目前我国生产的塑料钵多为上大下小的圆形钵，有多种规格，可依蔬菜种类和成苗大小选用。为了便于搬运，还应有国际上通用的塑料穴盘，其外形和孔穴的大小采用国际统一标准。穴盘宽 27.9 厘米，长 54.4 厘米，高 3.5～5.5 厘米；每盘孔穴数有 50,72,98,128,200,288,392,512 等多种规格；根据穴盘自身重量，有 130 克轻型盘、170 克普通盘和 200 克以上的重型盘。由于穴盘的穴孔上大下小，形似塞子，故用穴盘育的蔬菜苗常称为“塞子苗”。

2. 精量播种设备　是工厂化育苗的核心设备，包括拌料、基质装填、刮平、打洞、精量播种、覆盖、喷淋全过程的生产流水线。

3. 运苗车和育苗床架　运苗车包括穴盘转移车和成苗转移车。育苗床架可选用固定床架和育苗筐组合机构或移动式育苗床架。

4. 育苗环境自控系统　包括加温和降温系统、加湿和排湿系统、补光和遮光系统、灌溉和施肥系统以及控制系统等。

(四)工厂化育苗的工艺流程

包括准备、播种、催芽、育苗、出室包装等(图 2)。

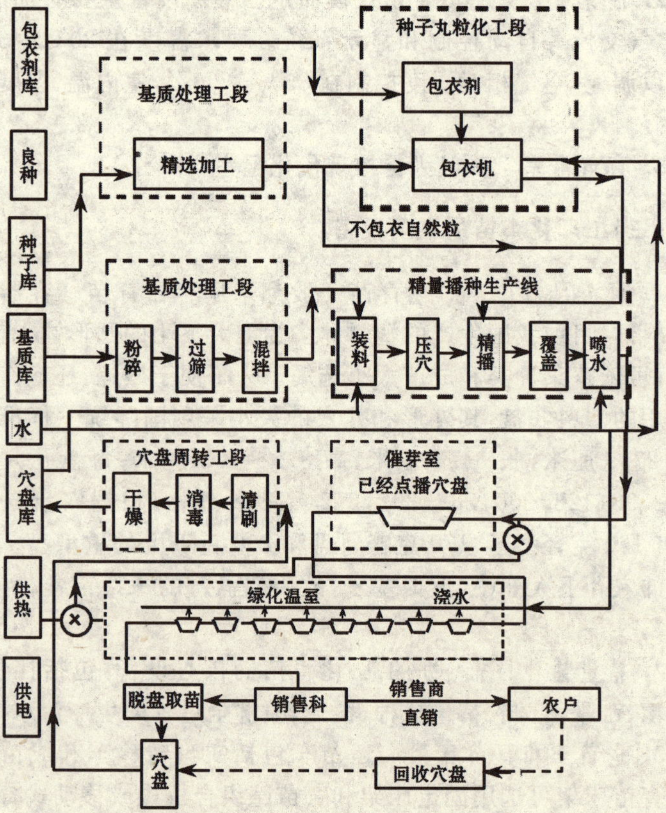

图 2　蔬菜工厂化育苗生产工艺流程

(引自蔬菜栽培学,2003)

(五)工厂化育苗技术与管理

1. 育苗基质的选择　工厂化育苗主要采用无土轻基质,如草炭、炉渣、蛭石、珍珠岩、岩棉等,或混合基质。这些基质通气透水性好,质地轻,便于搬运,尤其是便于成苗带基质运输。草炭是国际上公认育苗最好的基质材料，我国的吉林、黑龙江等地贮量丰富，其有机质含量高达37%，水解氮290毫克/千克，阳离子交换量70毫摩尔/千克，总孔隙度大于80%。基质选择原则应符合工厂化育苗的基本需求，当地资源丰富，价格低廉。基质应用前应进行必要的消毒等处理。

2. 营养液配方与管理　采用以草炭、生物有机肥和复合肥等配制的专用基质育苗，育苗期间以浇水为主，适当补充一些大量元素营养即可。基质中未加固体肥料的，育苗期间营养液及其管理是决定秧苗质量的重要因素。营养液配方因蔬菜种类不同而异，也有许多通用配方可以选用。营养液管理包括浓度、电导率、pH值、供液时间和供液次数等。一般苗期营养液的使用浓度为成株期的50%～70%，电导率保持在0.8～1.3西门子/厘米，适宜的pH为6～6.5，供液时间和供液次数取决于基质的理化性质、天气状况以及幼苗生长状态等。

3. 精量播种　采用精量播种设备和流水线作业完成。根据精量播种的作业原理不同，播种器分为真空吸附式和齿盘转动式2种类型。前者对种子大小和形状没有严格要求，但播种速度较慢，通常为200～400盘/小时；后者工作效率高，可达800～1000盘/小时，但对种子粒径大小和形状要求比较严格，多数蔬菜种子需经丸粒化加工后才能播种。

4. 催芽室催芽　播种后的穴盘运入催芽室催芽，保持适宜的温度和湿度条件，注意通风换气。当50%以上种子萌芽出土时，及时转入育苗温室见光育苗。

5. 苗期管理　工厂化育苗的苗期管理按照相关的技术规程进行，实施标准化的管理。温度、湿度、光照等环境调控主要由控制系统自动管理。但育苗期间需经常检查幼苗生长情况及控制系统的作业情况。必要时应调整穴盘位置，以便幼苗生长整齐一致。发现有病虫害应及时采取有效措施控制。

(六)种苗的经营与销售

1. 种苗包装 包括包装材料的选择、包装设计、包装装潢、包装技术标准等。蔬菜秧苗的包装材料一般为硬质塑料或瓦楞纸;包装设计应根据种苗大小、运输距离长短、运输条件等确定。

2. 种苗运输 包括运输车辆、运输条件的控制等,按相应的运输标准进行。

3. 种苗销售 包括建立种苗销售体系和广告策划。在我国,多数地区尚未形成蔬菜种苗市场,应加强广告策划,创制企业名牌种苗产品。

4. 种苗示范和售后服务 结合种苗销售,选择目标用户进行商品种苗的生产示范,总结工厂化种苗配套的田间生产管理技术,使种苗和技术服务一体化。

思考题

1. 蔬菜温汤浸种有什么作用?其技术要点是什么?

2. 蔬菜育苗对床土的基本要求有哪些?播种床和分苗床对床土的要求有何差异?

3. 如何确定蔬菜的育苗时期?

4. 蔬菜育苗中出现子叶"戴帽"的原因有哪些?如何预防和补救?

5. 喜温果菜育苗中各个时期苗床管理的技术要点和理论依据是什么?

6. 蔬菜为什么要进行嫁接育苗?嫁接育苗对砧木有何要求?常用的嫁接方法有哪些?嫁接后愈伤缓苗阶段苗床管理的技术要点是什么?

7. 与传统育苗方式相比,蔬菜工厂化育苗的基本特点是什么?

第四章 番茄栽培管理技术

一、番茄对环境条件的要求

(一)温度条件

番茄是喜温性作物,在正常条件下,同化作用最适宜的温度为20℃～25℃;如温度低于15℃,不能开花或授粉受精不良,导致落花等生殖生长障碍。温度降至10℃时,植株停止生长。长时间5℃以下的低温能引起低温危害,致死的最低温度为－2℃～－1℃。温度上升至30℃,同化作用显著降低;升高至35℃以上时,生殖生长受到干扰与破坏。即使是短时间45℃以上的高温,也会产生生理性干扰,导致落花落果或果实不发育。

不同生育时期对温度的要求及反应是有差别的。种子发芽的适温为28℃～30℃,最低发芽温度为12℃左右。幼苗期的白天适温为20℃～25℃,夜间为10℃～15℃。在栽培中往往利用番茄幼苗对温度的适应性较强的特点,在一定条件下进行抗寒锻炼,可以使幼苗忍耐较长时间6℃～7℃的温度,甚至短时间的0℃～3℃的低温。开花期对温度反应比较敏感,尤其是开花前5～9天及开花当日及以后2～3天时间内要求更为严格。白天适温为20℃～30℃,夜间为15℃～20℃,过低(15℃以下)或过高(35℃以上)都不利于花器的正常发育及开花。结果期白天适温为25℃～28℃,夜温为16℃～20℃。温度低果实生长速度慢。日温增高至30℃～35℃时,果实生长速度较快,但坐果数较少;夜温过高不利于营养物质的积累,果实发育不良。26℃～28℃或以上的高温能抑制茄红素及其他色素的形成,影响果实正常转色。

番茄根系生长最适土温为20℃～22℃。提高土温不仅能促进根系发育,同时土壤中硝态氮含量显著增加,生长发育加速,产量增高。因此,只要夜间气温不高,昼夜地温都维持在20℃左右也不会引起徒长,这对保护地番茄生产有实际意义。在5℃条件下根系吸收养分及水分受阻,9℃～10℃时根毛停止生长。

适温的高低与其他生活条件、特别是光照和二氧化碳含量有密切联系,在弱光照下同化作用的最适温度显著降低。在强光下增加二氧化碳含量,同化作用的最适温度提高。在二氧化碳含量增高到1.2%时,同化作用最适温度可提高到35℃。番茄的生育温度,尤其是夜间温度与氮素营养之间的相互作用,对番茄生长及结果有明显影响。一般只要保证夜间温度适宜,在氮的浓度高或稍低时均能正常结果。但在夜温高的情况下,如氮的浓度低则不能结果,即使在一般氮素施肥量时也会出现缺氮症状。

为了使番茄生产达到高产优质,应根据番茄对温度的要求,并结合当地具体气候条件,安排最适宜的栽培季节。保护地设施栽培时,应创造条件满足不同生长期的番茄对温度的要求。温度管理要尽量保持一定的昼夜温差,即白天适当提高温度,促进光合作用,增加营养物质的生产;夜间适当降低温度,减少呼吸消耗,有利于营养物质的积累。在适温范围内提高地温可以促进根系发育,同时土壤中硝态氮含量提高,可使植株得到较多的营养,从而促进植株和果实的生长发育,使番茄生产达到高产优质。

(二)光照条件

番茄是喜光性作物,生长发育需要充足的光照,光饱和点为7万勒,光补偿点为2 000勒。每天日照时数12～14小时,光照强度达4万～5万勒为番茄理想的光照条件。充足的阳光不仅有利于植物的光合作用而且对花芽分化和结果均有利。较强的光照,花芽分化较早，花序的着生节位也较低，不容易落花，因此开始采收较早，早期产量也较高；如果光照较弱（低于1.3万勒），则花芽分化大为延迟，即使增施氮肥，也不能克服这种弱光的影响，造成第一花序着生节位较高，容易落花。在这种弱光照的条件下，由于光合能力降低，花小而弱，不仅容易引起落花，而且果实生长缓慢，产量也较低。因此在育苗期间，若没有及时间苗或栽植过密，不但幼苗的节间长而细弱，而且花芽分化亦较迟，也容易发生落花。保护地栽培或密度过大时，往往光照不足。所以，在育苗及栽植时，需要保证植株有足够的生长空间，通过品种选择、合理密植、整枝搭架等措施调节植株群体的光照条件，以充分利用自然光照。但光照过强，特别是炎夏温差较小的地区，常引起病毒病的发生，果实也容易发生日灼病。

番茄是短日照植物，在由营养生长期转向生殖生长期即花芽分化的转变过程中，基本要求短日照，但要求并不严格。有些品种在短日照下可提前现蕾开花，多数品种则在11～13小时的日照下开花较早，植株生长健壮。不少试验指出，番茄在16小时光照条件下，生长最好，因为延长光照条件，干物质产量显著增加。

番茄正常生长发育要求完整的太阳光谱，玻璃覆盖下培育的番茄秧苗有时容易徒长，主要是由于缺乏紫外线等短波光。在冬季或温室中生产的番茄果实维生素C含量较低也与此有关。

（三）水分条件

水分是番茄的重要组成部分，果实中有90%以上的物质是水分。水又是番茄进行光合作用的主要原料和营养物质运转的载体。番茄植株高大，叶片多，果实多次采收，对水分需要量很大，要求土壤湿度在65%～85%，在湿润的土壤条件下生长良好。其全生育期用水效率为10～12千克/立方米。

番茄不同生长发育时期对水分的要求不同。发芽期种子需吸收种子干重92%以上的水分才能充分膨胀、发芽生长。播种后要求土壤湿度在80%以上。出苗后土壤湿度应降低至65%~75%,以免植株徒长,发生病害。在开花期,为了促进根系生长发育,增加土壤透气性,宜勤中耕并控制灌水,如果土壤水分过多,植株易徒长,根系发育不良,造成落花。结果期应增加土壤水分以促进果实膨大,这个时期若缺少水分则生长缓慢,落花落果,并且容易感染病毒病。所以,在番茄结果期应经常保持土壤湿润,每周需灌溉1次,不要时干时湿;特别是土壤干旱后突然遇到大雨,容易发生大量裂果。番茄结果期不耐涝,田间积水24小时易使根部缺氧而窒息死亡。所以,大雨后田间如有积水,应及时排除。

空气相对湿度以50%~60%为宜。如空气湿度过高,易使植株细弱,延迟生长发育,影响正常授粉,引起病原体孳生。所以,保护地设施生产番茄时,应特别注意通风换气,防止湿度过大,引发病害。另外,番茄根系发达,如栽培技术合理,达到根深叶茂,吸水力强,也相当耐旱。

(四)土壤条件

番茄的根系发达,主要根群分布在30厘米的耕作层内,最深可达1.5米。根群横向分布的直径可达1.3~1.7米,根系再生能力强。幼苗移栽后,主根被截断,容易产生许多侧根,从而使整个根系的吸收能力加强。因此,番茄对土壤条件要求不严格。但肥沃的壤土更容易获得优质高产。在有机肥充足的情况下,透气良好的砂壤土也能获得高产。在过分黏重、排水不良,或者养分流失较大的沙性壤土上番茄生长较差。

近几年某些大、中城市的近郊,由于盲目施用城市垃圾,不但造成土壤污染,且形成不少含有沙砾、石块等的炉渣灰土层,有的深达0.5~1米,这种土壤蓄水保肥能力特别差。番茄对土壤pH值要求是5~7,适于在微酸性和中性土壤中生长,而不适于盐碱地。土壤酸性较高可施用石灰来调节，但未经改良的盐碱土易使番茄矮化枯死。

（五）肥料及养分条件

在各种果菜类蔬菜中，番茄是需肥量大的作物之一，除吸收大量的水分以外，还要从土壤中吸收氮、磷、钾、钙、镁等大量元素和硼、锰、锌、钼等微量元素，才能获得高产优质。据调查，每 667 平方米产 5 000 千克番茄，需要吸收氮 17 千克、磷 5 千克、钾 26 千克。但番茄在不同生育期、不同栽培方式下对营养的要求是有变化的。

1. 氮　氮是构成蛋白质的主要成分，对茎叶的生长和果实的发育有重要作用，是与产量最密切的营养元素。在第一穗果迅速膨大前，植株对氮素的吸收量逐渐增加。以后在整个生育期中，特别是结果盛期，吸收量达到最高峰。土壤缺氮时，植株矮小。叶片黄化，花芽分化延迟，花芽数减少，果实小，坐果少或不结果，产量低，品质差。氮素过多时，植株徒长，枝繁叶茂，容易造成大量落花，果实发育停滞，含糖量降低，植株抗病力减弱。番茄对氮肥的需要，苗期不可缺少，但应适当控制，以防止徒长；结果期应勤施多施，确保果实发育的需要。

2. 磷　磷肥能够促进番茄花芽分化，提早开花结果，促进幼苗根系生长和改善果实品质。缺磷时，幼芽和根系生长缓慢，植株矮小，叶色暗绿，无光泽，背面紫色。番茄对磷的吸收以植株生长前期为主，在第一穗果实长到核桃大小时，植株吸磷量约占全生育期 90%。所以，番茄苗期不能缺磷，以免影响花芽分化。番茄吸收磷肥的能力较弱，尤其在低温下的吸收率更低。磷肥一般做基肥，也可用 0.5%磷酸二氢钾溶液进行叶面喷施。

3. 钾　钾能促进植株茎秆健壮，改善果实品质，增强植株抗寒能力，提高果实的糖分和维生素 C 的含量。和氮、磷的情况一样,缺钾症状首先出现于老叶。钾素供应不足时,碳水化合物代谢受到干扰,光合作用受抑制,而呼吸作用加强。因此,缺钾时植株抗逆能力减弱,易受病害侵袭,果实品质下降,着色不良。番茄对钾肥的需求主要是在果实迅速膨大期以后。钾肥一般是作基肥施入,果实膨大期可施用复合肥或叶面喷施 0.5%磷酸二氢钾溶液。钾在植物体内促进氨基酸、蛋白质和碳水化合物的合成和运输,对延迟植株衰老、延长结果期、增加后期产量有良好的作用。

4. 钙 植株中大部分钙存在于叶内,并且老叶中钙的含量比嫩叶高,大量的钙以果胶酸钙的形式固定在细胞壁的中胶层中,成为细胞质膜和细胞壁的重要成分。钙可以促进根的形成和生长,促使茎秆粗硬,增加养分吸收,有利于提高番茄果实中糖和维生素C的含量。由于钙在植物体内不容易移动和重新分配,缺钙时生长点首先死亡,然后上部叶片变黄,叶尖、叶缘萎蔫,叶柄扭曲,茎顶端呈坏死斑点,脐部黑腐。缺钙时可用 0.4%氯化钙溶液做叶面喷施。

5. 镁 镁多存在于幼嫩器官,是叶绿素分子的重要组成元素。镁是多种酶的专一活化剂,可促进呼吸作用和核酸、蛋白质的合成过程,并促进糖分和脂肪的形成,有利于番茄的营养物质从老叶向新叶及幼嫩器官转移。镁素缺乏,老叶叶缘、叶脉失绿,产生枯斑或死亡,果实小而低产。番茄缺镁时用 0.2%硫酸镁溶液进行根外追肥。

6. 硫 硫是蛋白质的组成元素,维生素中的生物素、维生素、泛酸都是含硫化合物,硫又是许多重要酶类的结构成分。由于硫在植物体内流动性较差,缺硫的病症在幼叶比老叶表现得更明显。缺硫时植株代谢紊乱,影响氨基酸、蛋白质、脂肪和碳水化合物的合成,造成番茄叶片变黄、下卷,茎变紫。番茄缺硫时用 0.01%～0.1%硫酸钾溶液做叶面喷施。

除氮、磷、钾、钙、镁、硫等大量元素外,番茄还需要铁、锰、硼、锌、铜、钼等微量元素，这些微量元素缺乏时植株生长不良，如发现缺素症状时，应立即对叶面喷施相应的微肥。

二、番茄的生长发育阶段

(一)发芽期

从种子萌发到第一片真叶出现(露心、破心、吐心)为番茄的发芽期。在正常温度条件下，发芽期为7～9天。

番茄种子的贮藏营养物质分布于胚乳中。整个胚被胚乳所包围。发芽时，最先胚根开始生长，而子叶仍停留在种子中从胚乳吸取贮藏营养物质。进而弯曲的下胚轴开始生长，穿过覆土层把子叶带到地表上。出土后2～4天子叶展开，6天左右真叶露心，发芽期结束。

在种子开始萌动至第一片真叶露心过程中，籽苗干重呈现以出苗时为最低点的V形变化，即出苗前种子内进行着强烈的生理生化活动，完全依靠消耗种子内的养分，而取得能量，种子干重逐渐降低；出苗后幼苗干重逐渐上升，至真叶露心时干重大致恢复到原来种子的重量水平。据此整个发芽期又可分为2个分期，即发芽出土期和籽苗期。前者为异养阶段，完全依靠种子内贮存的养分生活；后者为异养—自养的过渡阶段，种子内养分即将耗尽，子叶开始进行光合作用制造营养物质。为了培育壮苗，出土前着重创造适宜的土壤温、湿度条件，促进幼苗出土，防止出苗时间过长、苗芽衰弱甚至烂种的现象发生；出土后应注意适当降低温度，保持适宜的昼夜温差，增进昼间的光合强度，有效地控制徒长。特别是在出土后子叶未展开前，夜间高温极易引起胚轴徒长，管理不当，只要1～2天幼苗就会徒长。

在同样的环境条件下，个体之间发芽出土速度的差异主要与种子质量有关。大而均匀充实的种子出苗快且整齐一致,而早出的幼苗往往是素质较好的苗。

番茄种子较小,内含的营养物质不多,发芽时很快被幼芽所利用。因此,幼苗出土后要及时保证必要的营养,这对幼苗生长发育,特别是对生殖器官的及早形成有重要的作用。

(二)幼 苗 期

从第一片真叶出现至开始现大蕾的阶段,需 50～60 天。番茄从异养生长到自养生长的转变比较快,原因是番茄幼苗根系的生长迅速。发芽后主根垂直向地下伸长,随着主根的伸长从其基部分生多级侧根,形成以主根为中心的根系。此外,还从胚轴的基部发生不定根。发芽后 20～30 天,幼苗主根长可达 40～50 厘米。在直播条件下,发芽后 60 天左右,根系可深入土中 80 厘米以上。幼苗移植时根系受到损伤,但番茄根系再生能力强,大量侧根的发生促进了幼苗地上部的迅速生长。

从真叶破心至 2 片或 3 片真叶展开(即花芽分化前)为基本营养生长阶段,这阶段的营养生长为花芽分化及进一步营养生长打下基础。子叶大小直接影响第一花序分化的早晚,真叶大小直接影响花芽的分化数目及质量。培育肥厚、深绿色的子叶及较大叶面积的真叶,是培育壮苗不可忽视的基础。2 片或 3 片真叶展开后,花芽开始分化,进入花芽分化及发育阶段,表现出生殖发育对营养生长的抑制作用及各器官生长的调整。从此时起营养生长与花芽发育同时进行。一般播种后 25～30 天分化第一花序,35～40 天分化第二花序,再经 10 天左右分化第三花序。

花芽开始分化的节位,受品种及育苗条件所支配。早熟品种最早可在 6 片真叶出现花芽,但育苗条件差则初始花芽节位升高。花芽开始分化后,一般 2～3 天分化一个花芽,与此同时,花芽相邻的上位侧芽开始分化生长,继续分化叶片,当第一花序花芽分化即将结束时，下一花序已开始分化，如此不断往上发展。到第一花序呈现大蕾时，第三花序花芽已经完全分化。可以看出，番茄的花芽分化早而快，并且具有连续性是其重要的特点。

不同品种的花芽分化始期及花芽发育进程不同，早熟品种花芽开始分化早，各花序的花芽发育都较中、晚熟品种快，这与早熟品种根系发育特点一致。

创造良好的条件，防止幼苗的徒长和老化，保证幼苗健壮地生长及花芽的正常分化与发育，是这阶段栽培管理的主要任务。

(三)开花坐果期

番茄是连续开花和坐果的蔬菜，从第一花序出现大蕾至坐果为开花坐果期。开花坐果期是幼苗期的继续，结果期的开始，是以营养生长为主，过渡到以生殖生长与营养生长同时发展的转折期，直接关系到产品器官的形成和产量，特别是早期产量。

开花期的早晚直接影响番茄的早熟性。开花期决定于品种、苗龄及定植后温度高低等条件。在正常条件下，从花芽分化至开花经 30 天左右，实际上往往长些，因为育苗后期的锻炼和定植后的缓苗都会延迟幼苗的生长发育。

成熟的番茄花，由花柱的伸长进行自花授粉，正常的授粉受精使子房内生长素含量增加，就可以正常坐果。在没有授粉或授粉受精不良或养分供给不足情况下，子房内生长素浓度降低，会造成落花落果。因此，在这种情况下人工施用生长调节剂，可有效防止落花，促进结实。在北方地区春番茄栽培中，往往受定植后低温、定植损伤及营养不足等因素的影响，落花落果严重，因此保花保果对于番茄产量形成特别是早期产量极为重要。

此期营养生长与生殖生长的矛盾也十分突出，是协调两者关系的关键时期。无限生长型的中晚熟品种容易营养生长过旺甚至徒长，引起开花结果的延迟或落花落果，特别是在过分偏施氮肥、日照不良、土壤水分过大、高夜温的情况下发生严重。反之,有限生长型的早熟品种,在定植后容易出现果堕秧的现象,特别是蹲苗不当的情况下易发生。应根据不同情况,通过采取栽培措施,及早地协调营养生长和生殖生长的关系。

(四)结 果 期

从第一花序着果到拔秧为结果期。这一阶段秧果同时生长,营养生长与生殖生长的矛盾始终存在,营养生长与果实生长高峰相继地周期性出现,但是这种结果峰期的突出或缓和与栽培管理技术关系很大。一般高产番茄二者矛盾比较缓和;反之,矛盾突出,产量分布不均匀而且低。如果在开花坐果期调节好秧果关系,且肥水管理适当,这一时期不至于出现果堕秧的现象。相反,整枝、打杈及肥水管理不当,还可能出现疯秧的危险,必须注意控制。

番茄是陆续开花、连续结果的作物。第一花序果实肥大生长时,第二、三、四、五花序也在不同程度上发育。正在发育的果实,特别是在开花后 20 天内,大量的营养物质运往果实,各层花序之间的养分争夺也比较明显。一般来说,下位叶片制造的养分除供给根系等营养器官外,主要供给第一花序果实生长的需要;中位叶片的养分主要输送到果实中;上位叶片的养分除供给上层果实外,还大量地供给顶端生长的需要。由于对养分的竞争,有时下位果穗发育获取养分过多而使茎轴顶部变细,上位花序的花芽发育不良,造成结实也不良。如果植株的营养生长与生殖生长平衡,从下至上的茎粗比较均匀,即使下位花序的结果量较大,上位花序的花芽也能正常发育、开花和结果。

小架番茄(3 穗或 4 穗果)结果期较短,一般进入茎叶与果实生长旺盛期后不久即拉秧,病害严重和管理不当提前败秧,严重影响产量和质量。大架番茄(5 穗果以上)入伏后,由于高温多雨及病虫害的影响,出现败秧现象,败秧的程度与品种、气候条件及管理技术有关。入秋后，气温又较适宜，植株恢复正常生长，结果增多，再一次出现结果高峰。无限生长型品种，只要条件适宜，结果期均可延长。保护地内栽培的番茄结果期要比露地长得多。

三、番茄品种选择

我国长江中下游低海拔地区番茄栽培主要是春季露地栽培，少量秋延栽培；而在海拔 1 000 米以上地区，主要是越夏栽培。在广东、广西和福建、云南南部一些地区的栽培季节也与长江中下游近似，以春、秋两季栽培为主。但华南越冬时，气候条件较好，往往是旱季，且零下低温出现的概率较少，所以番茄常可露地越冬，秋、冬栽培比春季栽培采收期长，产量高；而海南省则在冬、春旱季均适宜种植番茄，但以五指山以南地区更为适宜。

(一)春露地栽培品种

合作 903、豫番茄 1 号、华番 1 号、华杂 0496、浙粉 202、榆粉 2 号、浙粉 809、金棚 1 号、苏粉 9 号、东圣 1 号、粉达番茄、金粉早冠。

(二)夏秋延栽培品种

长江中下游夏秋栽培一般 7 月中旬至 8 月初播种，8 月中下旬始花，但需至 9 月中旬才能结果。10 月中下旬开始采收，露地只能采收到 11 月中下旬，如果有保护设施，则可延迟采收至 12 月。这季栽培的品种宜选中熟或中晚熟品种，因为早熟品种生长弱，在高温下容易早衰。主要栽培品种有中杂 9 号、毛粉 802、浙江 203、托马雷斯、FA－189、耐莫尼塔、玛瓦。

(三)华南秋延栽培品种

广州、深圳、湛江、南宁等地区，冬季少有冰冻，适宜秋季栽培，一般7月底至8月初播种,8月始花,9月开花结果,10月底开始采收,一直可采收至翌年1月。如果冬季无冰冻,开春后进行整枝和中耕追肥,3月又开始结果,4～5月又可采收,至6月底采收完。栽培品种需选用生长势较强的早熟品种或中熟、中晚熟品种,如夏红1号、宝珠1号、丰顺、年丰、夏钻石、红牡丹、粤星、金丰1号、明珠、夏星、粤红玉、红宝石、红玫瑰、杂优1号、杂优3号、粤选1号、秋星1号、红奇、粤胜等品种,其中以夏红1号、宝珠1号、丰顺、年丰、夏钻石等品种表现更为突出。

(四)海南省旱季栽培品种

海南省旱季是指10月至翌年4月,这几个月中干旱少雨,气候凉爽,是茄果类蔬菜栽培的旺季。因此,它也是大陆冬春季瓜豆、茄果类蔬菜生产的基地。海南省栽培的番茄品种,宜选抗青枯病、枯萎病、线虫和病毒病的品种。华南地区秋延栽培的夏红1号、宝珠1号、夏钻石、丰顺、金丰1号、年丰等品种都适于海南省栽培。长江流域秋延栽培的中杂9号、毛粉802、浙杂203、托马雷斯、FA-189、耐莫尼塔、玛瓦等品种也适于海南省种植,但要观察其对青枯病的抗性。

四、番茄栽培技术

(一)春露地番茄栽培

我国南方气候温和,春季风和日丽,温度适宜,是番茄生产的主要季节。通常以早熟丰产为栽培的目的。本季栽培一般在早春低温期利用保护地育苗,晚霜过后定植于露地,多采用地膜覆盖栽培。番茄的采收期在初夏酷暑之前,以获得早熟丰产。

1. 育苗方法及成苗标准 育苗期温度低,多采用温室或大棚铺地热线，酿热温床和冷床播种育苗。2 叶 1 心期分苗，最好在小拱棚或冷床中分苗，增加大棚的利用率。不采用基质育苗。分苗前 15 天左右整畦扣拱棚，进行床土预热，提高苗床地温和加快缓苗速度。苗间距 10 厘米，苗龄 60～70 天。成苗 5～7 叶，苗高 15～20 厘米，茎粗 0.5 厘米以上，出现大花蕾。3 叶期以后进入蹲苗期，控水不控温，早揭帘，晚盖帘，尽量延长见光时间，防止畸形果发生，降低坐果节位和提早开花结果。

2. 定　植

(1)土壤选择　选用土层深厚的沙质壤土栽培为好，黏土应多施有机肥。地势稍高、能灌能排、不积水的田块比较适宜。若种植的是老菜园或进行连作生产，土壤病虫害较重，需进行土壤消毒。即在整地前每 667 平方米用 50%多菌灵或 70%敌克松 1 千克，加 50%辛硫磷 0.5～1 千克，对水进行地面消毒；或配制成 1 000 倍液浇灌土壤。枯萎病严重的地方可沿垄沟浇福尔马林 100～200 倍液，用塑料薄膜封闭 5 天后耕耙，待药液完全挥发后才可整地定植。

(2)整地做畦施基肥　采用宽窄行埂种沟灌高垄栽培。一般定植前 10～15 天开始整地做畦。若土壤过干，应及时浇水，待土壤疏松不黏时把地耙平，使表土尽快风干，以利于施肥和耕作。为促进根系生长发育，增强吸收水肥能力，土壤须深耕、整平。在深耕前施足基肥。施肥量的计算公式如下：

$$\text{施肥量}=\frac{(\text{番茄的携出养分量}-\text{土壤可提供养分量})}{(\text{肥料养分含量}\times\text{所施肥料养分的利用率})}$$

有资料表明，每生产 1 000 千克番茄，需从土壤中吸收氮 3.2 千克，磷 0.95 千克、钾 5 千克。可以根据番茄的产量和每生产 1 000 千克番茄所吸收的养分量，计算出番茄携出的养分量(表 7)。

土壤可供养分量需实地测定。如果没有测定条件，可根据地力情况以中等地力为标准进行估算。一般中等肥力土壤的速效氮含量为0.0075%,相当于每667平方米土壤含氮量4.03千克;速效磷含量0.008%,相当于每667平方米含磷3.99千克;速效钾含量0.012%,相当于每667平方米土壤含钾14.4千克。

当每667平方米番茄产量为6 000千克时,需从土壤中携出氮19.2千克、磷5.7千克、钾30千克。应补施氮15.17千克,磷1.71千克,钾15.6千克。如果每667平方米施入腐熟鸡粪3 000千克,则可补充氮9.24千克、磷10.77千克、钾14.9千克。那么,还需补充氮5.93千克(折合尿素32.2千克)、钾0.7千克(折合硫酸钾2.4千克),不需要再追施磷肥。

表7　茄果类蔬菜形成1 000千克产量吸收氮、磷、钾养分量

蔬菜种类	采收器官	吸收的养分量(千克)		
		氮(N)	磷(P_2O_5)	钾(K_2O)
番　茄	果　实	2.8～4.5	0.5～1.0	3.9～5.0
茄　子	果　实	3.0～4.3	0.7～1.0	3.1～6.6
甜　椒	果　实	3.5～5.4	0.8～1.3	5.5～7.2

根据表中资料,可以计算出茄果类蔬菜的施肥量。假如是施用有机肥料,则可参考表中有机肥养分含量。

为了计算方便,下面介绍一些有关肥料方面的资料供参考(表8)。

表 8　主要有机肥养分含量

肥料种类	全氮(N)(%)	全磷(P)(%)	全钾(K)(%)	粗有机物(%)	水　分(%)	pH 值	灰　分(%)
鲜人粪	1.16	0.26	0.30	15.20	80.70	3.8～7.2	
鲜人尿	0.53	0.04	0.14	1.22	96.98	8.0～8.3	
鲜人粪尿	0.64	0.11	0.19	4.80	90.25	7.79	
鲜猪粪	0.55	0.34	0.29	18.28	68.74		9.8
鲜猪尿	0.17	0.02	0.16	0.79	97.50		
鲜猪粪尿	0.24	0.07	0.17	3.75	85.36		2.43
鲜马粪	0.44	0.13	0.38	20.93	68.46		8.48
鲜马尿	0.69	0.06	0.68	2.12	93.56		
鲜牛粪	0.38	0.10	0.23	14.94	75.04		7.14
鲜牛尿	0.50	0.02	0.91	2.86	94.37		
鲜牛粪尿	0.35	0.08	0.43	7.80	79.50		2.43
鲜羊粪	1.01	0.22	0.53	32.30	50.75		12.68
鲜羊尿	0.59	0.02	0.70		95.20		
鲜鸡粪	1.03	0.41	0.72	23.77	52.30	7.7～7.9	
鲜鸭粪	0.71	0.36	0.55	20.22	51.08	7.7～7.9	
鲜鹅粪	0.54	0.22	0.52	18.46	61.67	7.7～8.0	
鲜鸽粪	2.48	0.72	1.02	29.89	45.40	6.6～7.4	
鲜猪圈肥	0.38	0.16	0.30	16.99		8.0～8.1	
鲜马厩肥	0.45	0.14	0.50	21.21		8.0～8.3	
鲜牛栏粪	0.50	0.13	0.72	16.22		8.2～8.5	
鲜羊圈粪	0.78	0.15	0.74	27.94		8.0～8.4	
鲜鸡窝粪	1.29	0.53	1.95	24.90		7.2～8.8	
鲜玉米秸堆肥	0.48	0.10	0.28	25.32			
鲜麦秸堆肥	0.18	0.04	0.16	10.85			

续表 8

肥料种类	全氮(N)(%)	全磷(P)(%)	全钾(K)(%)	粗有机物(%)	水　分(%)	pH 值	灰　分(%)
鲜稻草	0.46	0.08	0.43	16.38			
鲜野生植物堆肥	0.63	0.14	0.45	16.55			
鲜凼肥	0.23	0.10	0.77	4.96		6.9～7.4	
鲜草塘泥肥	0.23	0.08	0.33	4.96		7.3～8.2	

一般而言，番茄的基肥宜施用腐熟优质有机肥。贫瘠的土壤每茬番茄每 667 平方米施优质有机肥 4 000 千克，饼肥 100 千克，过磷酸钙 50 千克，硼酸 1～2 千克。水稻土、红壤增施熟石灰 100～200 千克。施用方法有：一是耕地前将上述肥料分别均匀撒于地表，耕地时翻盖于土内，连续耕翻 2～3 次，肥料便可较均匀地分布于土中；二是在土地整好后，开垄沟将肥料分层施于垄沟内，再盖土做垄，整平，铺上地膜，待栽幼苗。一般按垄宽(包括沟宽) 1.3～1.5 米，开沟，施肥，做垄，每垄栽两行。

(3)*定植时期和密度*　番茄在长江流域露地一般在 3 月下旬定植；华南地区则于 1～2 月播种，保护地育苗，2～3 月定植。

番茄密植程度，与土壤肥力、品种特性、整枝方式、留果层数、生长期长短以及生产者栽培习惯有关。长江流域种得较密，每 667 平方米早熟品种约 4 000 株；提早打顶摘心的，栽 5 000～6 000 株，中、晚熟品种栽 3 000～3 500 株。5 月下旬至 6 月上旬开始采收，7 月下旬收完。华南地区种的较稀，一般按 1.5 米开沟做垄，每垄栽两行，株距 40 厘米，每 667 平方米栽 2 000～2 500 株，5 月开始采收，也是 7 月收完。由于春季土温较低，所以幼苗不可栽得过深，土表温度较高，栽得浅有利于新根发生，缓苗快。定植后将地膜的定植孔封严，防止风钻进地膜，吹散膜下暖湿的空气或吹破地膜。大田空气湿度小，不利于缓苗，最好定植后立即浇定根水，水量以平定植孔为宜。水量太大，土壤湿度大，温度上升慢，根系活动受阻，缓苗慢。

3. 田间管理

(1)中耕及浇水　定植时浇 1 次定根水，5～7 天后浇 1 次缓苗水，浇水量不可过多，以防止对地温上升不利。浇缓苗水之前要检查是否有缺苗，应及时补栽缺苗后再浇水。待土壤松散后，及时中耕保墒。第一次中耕要深，并结合培土，将定植孔封严，以防止散热和杂草为害。中耕后进入蹲苗期，不旱不浇水。开花结果前天旱缺水应及时灌溉，水量要适中，防止浇水过多引起落花和植株徒长，尤其是中晚熟品种。进入结果期后，结合除草再浅中耕 1～2 次，此时中耕深了会伤根。

结果前水分以控为主，防止徒长，待第一穗果长到核桃大时，应结束控水。对有限生长的早熟品种，由于结果早，植株生长较弱，宜及时灌水，促进植株生长。进入结果期后，植株及果实同时生长，生长量加大，对水分要求越来越多，到结果盛期达到高峰，这时应视天气及土质情况，4～6 天浇 1 次水(下中雨也视为浇水)。整个结果期宜保持土壤湿润，防止土壤忽干忽湿引起裂果。采用滴灌的田块，每天滴灌 1 次，每次 2～3 小时。阴天少浇或不浇水。

江南、华南地区春季雨水多，生长中后期高温干旱，要同时做好灌溉与排水工作，要筑高畦、开深沟，沟沟畅通，排灌两用，做到雨住沟干，畦内不积水。

(2)追肥　番茄的生长、结果期长，基肥不能有效供给各个生长时期的养分，应根据生长情况，分次追肥。番茄追肥一般分 3 个时期，即幼苗期、结果前期和盛果期。由于磷肥易被固定，多用作基肥一次性施入，因此追肥以氮、钾肥为主。

①提苗肥：在基肥不足的情况下，早施提苗肥，在浇缓苗水时施入。以氮素肥料为主，促进茎叶生长，增加植株营养面积。一般

每667平方米追施腐熟的稀薄粪尿水500千克。或缓苗后结合中耕每667平方米穴施(穴深10厘米,距离植株15～25厘米)500千克腐熟有机肥,或5千克尿素。对有限生长的早熟品种尤其重要,能促进植株生长,提高早期产量。

②催果肥:第一穗果进入膨大期时追催果肥。此次追肥在番茄的整个生育期中显得很重要,既催秧又催果。以氮素化肥为主。一般每667平方米随水施入腐熟稀粪1000千克,或氮素化肥15千克,或磷酸二铵30千克。此次追肥过晚,肥力不足,果实膨大慢,且容易导致早衰、上部花序难坐果等现象发生。

③盛果期追肥:一般每穗果实进入膨大期都要追1次肥,追肥间隔期15～20天。除氮肥外还要配合施入磷、钾肥。在每层花序开花坐果期,施肥量适当降低,而膨果期施肥量要适当增加。一般每667平方米追施尿素15千克、硫酸钾20千克,或氮磷钾复合肥(养分含量45%以上)40千克。进入采收期以后,第二、第三穗果相应膨大时,正是番茄结果高峰期,单株结果量最大。如果是自封顶品种或3穗果打顶的无限生长番茄,随着果实的采收,植株的挂果量逐渐减少,再追1次肥即可。如果是无限生长类型,坐果在5穗以上时,为了满足果实生长的需要,防止植株衰老,提高中、后期产量,还要加大施肥量,每667平方米再追施氮素化肥15～20千克、硫酸钾20千克。拉秧前15～20天停止追肥。

④叶面追肥:促进早熟和秧苗健壮。喷洒时期与肥料作用有关,如防治脐腐病时,在落花后喷施;防裂果时,在果实膨大期喷施。叶面营养肥在整个生育期中都能够使用,在坐果盛期以后施用,对防止早衰、提高果实品质、提高产量等效果显著。无限生长类型番茄的生长期长,追肥很重要,尤其是进入夏季多雨季节,应注意补肥,使植株生长旺盛,防止缺肥早衰。一般叶面追肥的间隔期为10～15天。

(3)植株调整　主要包括整枝、打杈、搭架、绑蔓、摘心和疏花疏果等，目的是调节植株营养生长与生殖生长的矛盾，减少养分的消耗，改善通风透光条件，提高光能利用率。提高单位面积产量和果实品质，减少病害等。

①整枝：整枝的形式依栽培要求和品种类型而异。进行早熟栽培时，自封顶类型番茄和无限生长类型番茄均采用单干整枝，自封顶品种进行高产栽培和无限生长番茄幼苗短缺稀植时可用双干整枝、改良式单干整枝(或叫1干半整枝法)或换头整枝法等。单干整枝是只保留主干，其余侧枝全部摘除，株幅小，适于密植，提早成熟。早熟栽培或生长季节较短的地区普遍采用这种方法，一般留3～4穗果，采收期集中，主要供应番茄市场淡季。其缺点是单株产量低，单位面积用苗多。当生长季节较长时，无限生长类型番茄可留多穗果，但栽培密度必须降低。双干整枝是除保留主干外，还要保留第一花序下的第一侧枝，该侧枝生长势强，能与主干生长一致，形成双干，其余侧枝均陆续除去。采用这种栽培方法宜稀植，单株产量高，但晚熟，第一穗果实偏小。改良单干整枝法是在双干整枝的基础上，侧枝上保留1～2穗果留2片叶打顶。为了早熟和促进第一穗果实的生长，一般保留第二穗花下面的侧枝，既不影响早熟，又能提高总产量。换头整枝法，即主干结3～4穗果后，上留2～3片叶打顶，当上部花序坐稳果后选留上部一强壮侧枝代替主枝继续结果，侧枝留足果穗数后再进行打顶，如此反复。由于春番茄生长后期雨水多，气候条件恶劣，加上换头整枝削弱了植株生长势，应加强肥水管理。一般换2次头，落1次秧，结9～12穗果实。

②打杈：番茄侧芽的萌发力很强，除应保留的侧枝以外，其余侧枝应全部摘除。打杈应掌握适期。为了促进根系发育，第一次打杈不宜过早，生长势弱的幼苗更应该如此。当侧枝生长至5～7厘米长时开始打杈，若侧枝已木质化，应适当留叶摘心。打杈过晚，侧枝消耗养分过多，影响第一花序坐果、主枝的生长和果实发

育。以后打杈,原则上见杈就打,但对有些生长势弱或叶片数量少的品种,应待侧枝长到3～6厘米长时,分期、分批摘除,必要时在侧枝上留1～2片叶摘心;自封顶品种封顶后,上部叶量少,顶部所发侧枝可摘花留叶,以加大叶片同化面积,促进果实生长,同时为果实遮荫,防止日灼等。

③搭架与绑蔓:番茄多蔓生,需搭架栽培。将番茄绑缚在架杆上,向上生长,群体通风透光好,有利于提高番茄的产量和质量。搭架的方式有多种,每一种都要求架材必须结实耐用,经得起风雨,架内要有足够的空间,防止拥挤、郁闭。按照栽培方式可分为高架与矮架两种。高架多采用人字架和篱笆架,矮架多采用单干支柱、三角架、四角架或六角架等。人字架、篱笆架和六角架具有较强的抗风能力并能减少土壤水分的蒸发。绑蔓时让果实朝架内生长还可以减少果实日烧病的发生,更适用于气候干旱或高温强光的季节或地区。搭架时期应在浇过缓苗水后,趁墒插架,多风地区还应更早一些,防止大风甩断幼苗。架杆与定植行平行,距离植株10厘米左右,插匀,保证绑蔓后植株疏密均匀。架杆与植株间的距离过近时易伤根,过远时不能及时绑蔓。插架后立即进行第一次绑蔓,以后在每穗果处都要绑一道蔓。在温度较低、光照强度小的地区或时节,绑蔓时可使果穗的方向朝向架的外侧,有利于果实的正常发育和减少果实表面长期结露引起病害或裂果;否则,果穗应朝向架的内侧,可防日灼和轻微的雹灾。

④摘心:根据栽培目的、番茄的品种特性以及生产安排等,当植株长到一定程度,或已着生所需的果穗数时,将植株的顶芽掐去,称为摘心或打顶。摘心可削弱植株顶端优势、提高坐果率、减少营养生长对同化产物的消耗,使较多的碳水化合物运转到果实中去,促进果实发育,提早成熟,提高产量。自封顶类型的番茄长至2～3个果穗后即自行封顶,故不必摘心。无限生长类型的品种在留足果穗数后上留2片叶左右摘心,有利于果实生长,并防止发

生日烧病。春露地番茄一般留果 4～6 穗。摘心时间在拉秧前 50 天左右。为了提高摘心的效果，摘心的时期稍早勿晚。

⑤疏花疏果：一般自封顶类型的品种和部分无限生长类型品种(红粉冠军、中杂 9 号、粉达等)成花量大、结果数多，叶片不能制造足够的养分使每个果实都能长成一定大小的商品果，应适当疏去一部分。具体疏多疏少要根据秧苗的生长势而定，弱者多疏少留，强者少疏多留。以疏去花和小果为主，留形状好的果。一般第一穗少留，每穗留 2 个果左右，第二穗以后，每穗留 3 个果左右，保证果实生长迅速且整齐一致，提高商品果率。

(4)打老叶，疏除过密的叶片　当第一穗果实开始成熟采收时，正是植株生长旺盛时期，很容易导致植株间郁闭，可及时将其下部的叶片打掉，以利于通风透光。当行间郁闭时，可适当疏除过密的叶片和果实周围的小叶，以利于叶片透光和果实周围通风，增强叶片光合作用能力，减少各种病害的发生。

(5)防止落花　春季引起番茄落花的因素主要是低温特别是持续低温。番茄不同生育期对温度的要求见表 9。

表 9　不同生育期番茄对温度的要求　(℃)

生育期	最低温度	最佳温度	最高温度
发芽期	11	16～29	34
生长期	18	21～24	32
授粉期(夜间)	10	14～17	20
授粉期(日间)	18	22～26	32
转色期	10	20～24	30

在春季气温升高的过程中，常常有寒流侵袭，春番茄在生长初期常遇到 15℃以下的低温，妨碍了花粉管的伸长及花粉的发芽，授粉、受精不良，导致落花，尤其第一穗果，坐果率很低。此外，光照不足，秧苗徒长，营养不良，病虫危害等也会引起落花。防止落

花应采取综合防治措施。首先,必须加强栽培管理,包括培育适龄壮苗,带营养土定植,减少伤根,加强肥水管理,防止土壤干旱及积水,合理地调节营养生长与生殖生长的关系,保证营养均衡等。在温度条件适宜时可采用人工授粉或振动花序授粉来提高坐果率。其次,是采用生长调节剂保花、保果和促进果实发育。生长调节剂只有在植株生长健壮、营养充足的条件下,才能起到保花、增产的作用,所以在使用生长调节剂的同时,还应加强肥水管理等工作。

我国在番茄生产中大面积推广应用的是保花保果激素对氯苯氧乙酸,效果良好。不仅可以浸花和涂花,还可以采取喷花的方法,能显著提高工效。一般使用浓度为 30 毫克/升左右,适宜浓度 25～50 毫克/升。当一个花序上有 2～3 朵花开放时,用小喷壶对准花蕊喷 1 次即可坐果 4 个左右。隔 3～4 天喷 1 次,自封顶品种间隔短些,无限生长品种间隔可长些。喷时最好将花序拉起,并用手挡在花序后面,防止药液喷在叶片和茎上发生药害。赤霉素(920)也有促进结果的作用,如果以 100 毫克/升的赤霉素和坐果灵混合使用,可增强防落效果,同时还可减少空心果的发生。防落素有水剂和片剂。用 1%防落素水剂 2 毫升对水 0.65～0.9 升喷花或蘸花、对水 0.5～0.65 升涂抹花柄,或每片防落素对水 3～3.5 升喷花、对水 1～3 升涂抹花柄,对保花保果有很好的效果。用激素处理过的花朵要有记号,可以在药液里加些颜色,防止重复用药引起药害或裂果。激素的使用应避开中午高温期。一般在上午露水干后、气温 20℃左右时开始喷洒,下午气温降低后再使用激素处理。激素的浓度可随气温的变化随时调整。第一、第二花序易坐果。激素处理浓度可低些。下部果实坐稳后,上部果实由于得不到足够的营养而坐果率降低,这种现象在大果型番茄上表现尤为明显,此时,激素的使用浓度要高些;在适宜番茄开花结果的温度范围内,激素使用浓度低,低温期使用浓度高。激素最好现配现用,受潮失效的激素使用效果差。

4. 采收　江南地区在5月底至6月初采收番茄果实。每667平方米产量一般可达4 000千克左右，高产的可达6 000～7 000千克。

番茄从开花到果实成熟，所需天数因温度及品种而不同，一般早熟品种、中小果型品种需40～50天，中晚熟品种需50～60天。

(1)绿熟期　也称白熟期。果实已经充分长大，种子发育完成，果色由绿变白。此期果实硬度大，耐挤压，为远途运输或贮藏用果实的采收标准。采收后，在12℃～13℃的低温条件下，能够长期贮存。在适宜的温度条件下，经5～7天自然后熟才能变色；高温期转色快，仅需3～5天即可上市。为了提早上市采取人工催熟也是在这个时期，既能够赶早提高效益，又不影响产量。进入高温多雨季节后，为了防止裂果，也可在此期采收，自然红熟后上市。

(2)转色期　果顶部逐渐着色，至全果1/4已着色。此时果实的耐贮运性还很强，可以供应周边市场；采收后在适宜的温度条件下，经1～2天即全部自然着色。

(3)硬熟期　果实呈现了品种特有的色泽，果实仍具有较高的硬度，营养价值最高，最适于生食，就地供应时可此时采收。在适宜温度下1～2天变软，高温期1天即会变软，因此不适于长距离运输。

(4)完熟期　果肉已变软，种子已成熟且已饱满，含糖量最高，这时采收生食口感好。或留种，或做果酱。此期的番茄不耐挤压，不能运输。

(二)露地秋冬栽培技术

长江流域各省由于无霜期长，番茄可作秋季栽培，而且收益可观。但产量不够稳定，主要受气温所制约：播种早了，前期高温、植株开花不能结果；后期低温，植株上果实难于成熟，影响产量，尽管药剂可以催熟一部分，但对品质有所降低。因此，番茄在长江流域栽培成功与否的关键技术在于：一是选择适宜品种；二是苗期培育

壮苗;三是初花期保花保果;四是后期促进早成熟。下面简要介绍其栽培要点:

1. 栽培季节 秋、冬栽培的番茄一般7月下旬至8月初播种,8月底定植,9月中下旬开花结果,10月中旬扣棚,10月底至11月初开始采收,一直可采收至翌年的元旦和春节。由于温度低时果实成熟慢,所以在11～12月采收部分的熟果置于20℃～25℃的地方喷施乙烯利促进后熟是可取的。

2. 选择品种 按常理,秋季栽培生育期较短,应选早熟品种。但生产实践证明,早熟品种由于花器形成早,影响植株生长,所以植株生长势较弱,常常是植株瘦小便挂果,果很小便达到绿熟期,不再膨大。因此,选择苗期生长势较强的中熟或中晚熟品种,生产潜力更大。

3. 培育壮苗 ①掌握好播种期,最适播期在7月中下旬。如播种过早,由于气温高,只开花不结果。②利用营养钵或露地稀播,一次成苗,不分苗,待苗长至5～6片叶时取苗定植于露地,苗龄25天左右。③育苗的苗床注意遮荫降温、防暴雨、防水淹、防病虫危害。④适时定植幼苗,定植前土地要提前整好,以地等苗,防止幼苗徒长。

4. 初花期注意保花保果 幼苗定植后温度很高,开花很快,很易形成落花落果,应及时用2,4-D点花柄离层,或用番茄灵喷花。每2天喷1次,9月20日以后,进入自然开花结果期,可停止用药。药剂使用方法有涂抹法和浸蘸法。涂抹法是在8～10时用毛笔蘸药液涂到花柄或花柱上。浸蘸法是将已基本开放的花序(已开3～4朵花)放入盛有药液的容器中,浸没花柄后,立即取出,并将留在花上的药液在容器上刮掉,以防止畸形果或裂果发生。浸花的浓度应比涂花的浓度稍低些,以免发生药害。每朵花只可处理1次。操作过程中要特别小心,防止药液沾到幼芽和嫩茎叶上产生药害。

5. 促进果实加快成熟　番茄秋季栽培，植株生长较好，结果也多，但由于后期气温较低，果实成熟缓慢，因此促进果实红熟是增产增收的关键技术。其具体做法如下。

(1)植株调整　一是整枝打头，单株整枝留第一果穗下侧枝替代生长，将以下侧枝全部抹掉，以后每3叶留一果穗，共留4～5穗果打头，及时插架绑蔓，以利于控制植株徒长，加快果实膨大；二是及时打老叶，增加植株透光度，使果实能晒到阳光，以利于果实成熟。

(2)疏花疏果　一个花穗上留3～4个果，全株留13～15个果。花穗上果实过多，会延迟成熟。这是矮株品种栽培时，经常见到的现象。

(3)催红　估计植株上部果实不能自然红熟时，可提前数天用乙烯利200倍溶液抹果，可促进果实提早成熟。

(4)挡风　初冬作物受冻常与刮冷北风有关，因此要设法挡住冷风。可用草或能挡风的材料做成1.5米高的草苫或苫子，立于番茄垄畦北面，每1～2垄设置一个，就可挡住北风。

(5)采后催熟　万一露地无法成熟，则可在严寒前将番茄采收回家，置于温度较高的室内用空调或电热器加温，也可置于室外避风向阳干燥的场所，用薄膜覆盖，利用阳光热能增温，可加快番茄成熟。

(三)华南地区越冬栽培

1. 栽培季节　在广州、深圳、湛江、南宁、北海等城市，从8月初至翌年2月均可播种番茄，但作为秋延或越冬栽培宜在8月初播种较适宜，8月底定植，10月下旬至11月开始采收，一直可采收至翌年2～3月。而海南省由于8～9月台风暴雨过多，以9月下旬至10月上旬播种为好，这样幼苗定植后便进入旱季，比较安全。10～11月定植，翌年元旦前后开始采收，可采收至4月，采收期达

100 天以上。

2. 品种选择 华南地区主要栽培品种有夏红 1 号、夏钻石、年丰、丰顺、金丰 1 号,还有粤星、红牡丹、夏星、粤红玉、红宝石、红玫瑰等。由于海南省特别是该省的三亚地区旱季气候温和,非常适宜茄果类蔬菜栽培,是南菜北调的蔬菜生产基地。因此,种植品种还应根据北方市场的需要引进一些大陆品种,如中杂 9 号、毛粉 802、浙杂 203 及国外耐贮运的托马雷斯、FA－189、耐莫尼塔、邦瓦等品种。先引入试种观察其对青枯病、枯萎病、线虫的抗性,然后确定推广那些抗病性强的品种。

3. 栽培要点

(1)整地、施基肥 番茄产量高,植株生长量大,根群发达,在华南生长,采收期长,为了获得丰产,必须深耕,施足基肥。起垄前应先将地深翻,充分晒白。耙平后按垄宽150～160 厘米开沟,高 30 厘米做垄。基肥以有机肥为主,每 667 平方米施腐熟猪、牛、鸡粪 1 500～2 000 千克,花生麸或复合肥 50～75 千克,整地起垄时在垄中央开沟,将基肥埋入再做垄整平,待种。

(2)播种育苗 选 3～4 年未种过茄科作物的较高田块做苗床,耕翻晒土 2～3 次,施足充分腐熟的猪粪、草木灰做基肥。每 667 平方米用种量 20～25 克,秋播时气温高、雨水多,播种后垄面应盖遮阳网防雨。幼苗出土后,要及时用细竹或粗铁丝将遮阳网架起,做成小拱棚状。为了防暴雨,雨前纱网上可盖薄膜,避免雨水直接冲击小苗,造成死苗。幼苗出 3～4 叶时,应揭去纱网,适当控制水肥,进行炼苗,并间去过密苗,促进根系生长,以培育出苗干结实、叶色深的矮壮苗。

(3)定植 幼苗长至 5～6 叶便可定植。起苗前 1～2 小时将苗床浇透水,待水渗至根部便可起苗移栽,起苗时尽量带土,少伤根。每垄栽两行,垄上行距 60～70 厘米,定植株距 30～40 厘米,每 667 平方米栽植 2 000～2 500 株。定植时先挖定植穴,再栽苗盖土，并立即浇定根水。如果有腐熟的有机肥，可在定植穴中加入一些再栽苗，这样缓苗时间短，恢复生长更快。

(4)肥水管理　由于定植时气温较高，植株根系受损，吸收功能弱，所以定植后1周之内必须保证水分管理。栽后3天每天早、晚各浇水1次，保苗成活。

(5)及时灌水　番茄生长初期需水较少，结果盛期需水多。需根据天气情况及时浇水或灌水，保持土壤湿润。同时也要注意雨后及时排水，避免积水死苗。

定植后8～10天开始追肥，用稀淡人、畜粪尿水或5%尿素溶液淋施。以后每隔15天左右追肥1次，根据植株生长势确定用肥量。第一花序果实充分膨大将要成熟时，要施重肥，每667平方米施复合肥30～40千克或人、畜粪尿1 500千克，或饼肥100千克。第一、第二花序果采收时，再重追肥1次。以后每15～20天用复合肥追肥1次，以保证植株和果实生长发育的需要，延长果实采收期。

(6)插架、整枝、缚蔓　植株长到的30厘米高时，应插竹竿搭架，竹架的高低应根据品种特性而定，无限生长型品种应较高。缚蔓是将植株的茎绑在竹架上，以防止结果后倒伏或果实下坠。在缚蔓的同时进行整枝，无限生长品种一般采用双干整枝，即留下主干和第一花序下的侧枝，其余分枝全部除去。行单干整枝的，定植时应适当增加密度；有限生长品种多采用双干或三干整枝，即将植株上2～3条强壮枝条留下，其余分枝和侧芽全抹去。

(7)植株更新　主要是针对有限生长品种，这类品种早期结果较集中，因此成熟时间也很接近，元旦至春节期间便可采收完，此时就应考虑对衰老植株进行大的调整更新。具体做法是在原植株上选留两个基部发生的侧枝，并将衰老的主、侧干剪去，同时将其他残枝老叶清除干净。然后对植株仔细喷1次百菌清等药液，然后在垄中间开沟施肥。每667平方米可施用人、畜粪尿2 000千克，或复合肥50千克，加尿素10千克。再结合中耕盖土，以促植株尽快生长发育。此时留下的枝条,有的可能已开花结果。由于根系保存完好,吸收水肥功能很强,所以再生植株比新栽幼苗生长快得多,结果也较早。植株更新时,原有架材保留,供再次绑蔓之用。如果栽培品种抗病性不强,死株过多,则番茄植株无更新价值,宜及时清园。

五、番茄的采收与贮藏

(一)番茄的采收

番茄从开花到果实成熟,在春季栽培条件下,早熟品种需40～50天,中、晚熟品种需50～60天。其成熟过程可分为绿熟期、转色期、成熟期及完熟期4个时期。

番茄采收的标准依用途、品种而有所不同。果实发育达绿熟果程度时,即可后熟变色,贮藏或远距离运输可于此期采收。一般多于转色期采收,以便于运输,稍后熟即可食用。作为鲜用的最适采收期是成熟期,即果实已大部分转色。此时采收的果实主要是就地供应,不耐长途运输。完熟期果实因番茄品种不同,果实的硬度、耐贮运性差异很大。

(二)番茄的贮藏保鲜

1. 品种选择 用于贮藏的番茄应选种子腔小、皮厚、肉细密、干物质和含糖量高、组织保水力强的品种。番茄贮藏3个月含糖量将下降1.2%,而番茄果实的含糖量降低到2%以下,风味明显变淡,食用品质下降。因此,长期贮藏的番茄应选含糖量在3.2%以上的品种。番茄品种不同,耐藏性和抗病性差异很大,晚熟品种如秀丽、加茜亚、R-144、耐莫尼塔等国外引进品种适于贮藏。

2. 贮藏条件 番茄的贮藏温度与成熟度有关。红熟果实可在0℃～2℃下贮藏10～15天，绿熟果在10℃～15℃下贮藏期为30～50天。绿熟果在10℃～13℃加24%的氧和3%～6%的二氧化碳气调条件下，可贮藏45～60天。番茄贮藏适宜的空气相对湿度为85%～90%。番茄成熟过程中会产生乙烯，及时排除贮藏环境中的乙烯可以延缓番茄的转红和衰老。

3. 采收及采后处理　贮藏用的番茄采收前两天不宜灌水，防止果实吸水膨胀和产生裂痕，从而导致微生物感染和果实腐烂变质。应在早晨或傍晚无露水时采摘，采摘时轻拿轻放，避免造成伤口。包装容器不宜过大，以免上面的果实将下面的果实压伤。番茄采收后，应放在阴凉通风处散热，或放在冷库内预冷到13℃，然后挑选分级入库贮藏。成熟度不同的果实要分别存放，以便于管理。

4. 贮藏方法

(1)简易贮藏　夏、秋季节可利用地窖、通风库、地下室等阴凉场所贮藏番茄。用竹筐或纸箱贮存时，应内衬干净纸或垫上用0.5%漂白粉消毒的蒲包，防止果实碰伤。将选好的番茄装入容器中，一般装4～5层，箱底层垫枕木或空筐，箱间要留有空隙，以利于通风。也可将果实直接堆放在货架上或地面上，以码放3～5层果实为宜。架宽和堆宽不应超过0.8～1米，以利于通风散热并防止压伤。铺垫物同筐装，层间垫消毒蒲包或牛皮纸，最上层可稍加覆盖(纸或薄膜)。入贮后要加强夜间通风换气，降低库温。贮藏期间每7～10天检查1次，挑出病烂果实，红熟果实挑出销售或转入0℃～2℃库中继续贮藏。该法一般贮藏20～30天后果实全部转红。秋季如果能将温度控制在10℃～13℃，番茄也可以贮藏1个月。

(2)冷藏　夏季高温季节用机械冷藏库贮藏，贮藏效果更好。绿熟果的适宜贮藏温度为12℃～13℃，红熟果为1℃～2℃，贮藏期可延长到30～45天。

(3)气调贮藏　气调贮藏温度应在13℃以下,保持贮藏环境中有2%～4%的氧和3%～6%的二氧化碳。当氧低于2%时,果皮上会出现局部下陷和浅褐色斑痕,严重时果皮变白,果蒂部腐烂。二氧化碳过高时,果皮上会出现白斑,然后转为棕色斑点。

简易的气调方法有以下2种:①塑料薄膜大帐气调贮藏。用0.1～0.2毫米厚的塑料膜做成密闭塑料帐,容量1 000～2 000千克,用快速充氮降氧法或自然降氧法均可,帐内加相当于果重1%～2%的消石灰以吸收多余的二氧化碳。氧不足时充入新鲜空气。由于帐内湿度较高,果实易感病,加防腐剂可控制病害发生,可通入0.2%氯气,每2～3天施用1次。或将0.5%过氧乙酸放在垛内,其效果与氯气相仿。也可用漂白粉代替氯气,用量为果重的0.05%,有效期为10天。还可用0.05～0.1毫升/升仲乙酸,也有良好效果,有效期为20～30天,每个月使用1次。帐内加入浸透饱和高锰酸钾的砖块,以吸收乙烯,效果更好。②塑料薄膜袋小包装贮藏法。将番茄放入0.06毫米厚的聚乙烯薄膜袋中,每袋5千克左右,扎紧袋口,放入冷库中,每隔2～3天开袋通风,果实转红后袋口不必扎紧。防腐措施参照上述方法进行。用气调贮藏的番茄,采收时要防止碰、刺伤果皮,入贮前要进行严格挑选,剔除病伤果。

思考题

1. 番茄对环境条件的要求如何?
2. 长江流域及华南地区有哪些栽培季节?
3. 各种栽培模式的主要技术是什么?
4. 怎样才能做到番茄周年供应?
5. 南方番茄栽培有哪些有利和不利条件?如何利用与克服?

第五章　茄子栽培管理技术

一、茄子对环境条件的要求

(一)温　度

茄子生长发育期间的适宜温度为20℃～30℃,结果期间的适宜温度为25℃～30℃。在17℃以下的低温或35℃以上的高温下,生长缓慢,花芽分化延迟,授粉和果实的生长发育都会受到阻碍,花粉管的伸长受到影响,甚至会产生没有受精能力的不成熟花粉,常导致落花。即使能坐果,也往往因果实发育不良而变成畸形果。因此,在日光温室和大棚种植茄子时,要注意棚内保温,白天不超过35℃,夜间不低于15℃;否则,植株生长势明显减弱,落花落果现象严重。温度低于10℃时,就会引起植株新陈代谢紊乱,甚至使植株停止生长。在育苗期间,气温低于7℃～8℃时,茎叶就会受害。它非常不耐霜,在－1℃～－2℃时就会被冻死。

茄子较番茄、甜椒耐高温,但当温度高于35℃时,尽管茎叶不出现萎蔫等障碍,也会使植株发生生理障碍。尤其是夜温比较高时,花发育不良,果实生长缓慢,严重时会产生僵果和畸形果。

茄子属于喜温作物,在不同的生长发育阶段,所要求的温度也不相同。

1. 发芽期温度　种子发芽温度以30℃为宜,要求最低温度为11℃～18℃,适温为25℃～30℃。但是在恒温下发芽不好,如有条件,可进行变温处理催芽,可使发芽整齐。目前多采用在30℃温度条件下经16小时,然后在20℃温度条件下经8小时的变温处理。

2. 幼苗期温度 在苗期,白天以20℃～25℃、晚上以15℃～20℃的温度为宜。温度影响苗期花芽分化。夜温高于30℃,花芽分化期延迟,短花柱花多;夜温在24℃时,大部分是长柱花,也出现一部分中柱花;夜温17℃时表现最好,第一朵花全是长柱头花,且着生节位较低。

3. 结果期温度 白天温度在20℃～30℃时对开花结果比较有利,适宜温度为25℃左右。白天一旦出现35℃左右高温或20℃以下低温时,就会出现结果不良现象。夜间最适温度为18℃～20℃。如果夜温过高,将逐渐出现植株营养不足的症状,导致减产。

根据茄子对温度条件的要求,在广州、南宁等地,茄子可一年四季生长,仅需在1～2月份寒冷季节做些防寒工作。在长江流域及其以北地区,露地栽培茄子的最适宜时期是早春断霜后和秋季初霜来临之前。因此,在早春断霜前于保护地里育苗,待断霜后定植到大田,才能延长茄子的生长期,充分利用生长季节,提高产量,增加经济收入。

(二)光　照

茄子对光周期的反应不敏感,即日照时间的长短对茄子的发育影响不大。但光照不足,植株的发育明显受到抑制,光合产物少,长势弱,花芽分化晚,开花期推迟,落花多,果实发育不良。

茄子对光照强度要求较高。光合作用的饱和点为40 000勒,光补偿点为2 000勒。光量对茄子的生长发育影响很大,当在弱光下时,光合作用降低,产量下降,紫色品种色素形成不好,着色差,影响商品价值。尤其在幼苗期,如光照不足,花芽分化和开花延迟,长柱花减少,中柱花和短柱花增多。因此,在冬、春保护地栽培茄子时,要选用透光率高的棚膜,并采取相应措施,以便有效利用光照。

(三)水　分

茄子分枝多,叶片大而薄,蒸腾作用强,开花、结果多。因此,对水分的需要量大。茄子根系虽较深,但耐旱性都较差,如果土壤中含水量不足,根系从土壤中吸收的水分有限,蒸腾作用又强,就会使植株出现缺水干旱状态。因此,茄子不仅要求土壤含水量高,而且要求空气相对湿度大,以保持植株从根系吸收水分和叶面蒸腾间的平衡。但是,如果空气相对湿度过大,长期在80%以上,则易导致病害发生,而且开花授粉困难,落花落果严重;如果空气较干燥,土壤中水分充足,较有利于植株的生长。土壤适宜含水量为14%～18%。如土壤含水量过高,会使土壤中的气体含量减少,往往导致沤根,使根尖腐烂;土壤水分不足,植株生长缓慢,影响开花及果实的发育。茄子果实中含有93%～94%的水分,如果过分干燥,则结实少,果面粗糙,形成无光泽的小果,品质差,产量低。茄子对水分的要求随生育阶段的不同而异。生长前期需水较少;开花结果期需水量增多;到盛果期前后需要水分最多,应及时灌水,保证水分供应。生产上根据茄子这种既喜欢水又怕水的特性,春、秋季应注意多浇水,夏季多雨季节要注意排水。

(四)土壤与营养

茄子对土质适应性强,在各种土壤如沙土地和黏质土地上均能栽培。我国南方春季多雨,沙质土壤排水好,土温上升快,适合于早熟栽培。但因其土壤结构差,植株易早衰。茄子是深根性作物,在耕层浅的黏质土中根系不易充分伸展,最适合在含有机质多、土质疏松、排水良好和保水性能较强的沙质壤土上栽培。茄子在微酸至微碱性(pH 6.8～7.3)土壤上栽培产量较高。

茄子生育期间,需要从土壤中吸收大量的营养。每生产

10 000 千克果实,大约需吸收氮 30 千克、磷 6.4 千克、钾 55 千克、钙 44 千克。

茄子在各个生育期对土壤养分的需要量不同。前期需肥较少,生长盛期需肥较多。尤其是从开始收获时起,吸收量持续增加,直至采收盛期,需肥量达到最大值。在植株生长的中后期,钾的吸收要比氮多得多,磷也是一样,但它的增加比氮素少。施肥时,从肥料的吸收过程来看,可以把几乎全部磷肥作为基肥。因为茄子在果实膨大时期特别需要氮肥和钾肥,所以一般把氮肥和钾肥总量的 1/3～1/2 作为基肥,其余作为追肥施入。茄子根系深,生长周期长,基肥应尽量深施,使根群向深处发展。如施肥浅,将导致茄子根群变浅,耐旱性减弱,生长势也随着减弱。

氮素对茎叶的生长和果实的发育起着非常重要的作用。茄子植株的不同部位对氮素吸收的比例如下:叶占 21%,茎占 9%,根占 8%,采收的果实占 62%。由此可知,果实膨大需要相当多的氮素。氮肥不足对植株发育的各阶段均会引起不良影响,如花的数量减少、花器官发育不良、开花期推迟和导致产量降低等。

磷肥可促进根系发达,提高花芽分化,提早结实,并使种子充实。钾肥对茄子的细胞分裂生长有促进作用,能增加叶绿素的合成,促进光合作用,使枝条粗壮。苗期如地温低、光照不足、土壤肥力差,在幼苗根系吸收能力不好的情况下,可利用叶片能直接吸收营养的特性,于叶面喷施 0.2%～0.3%尿素和磷酸二氢钾,可明显促进幼苗健壮生长,提早花芽分化与开花结果。在生长中后期也可进行叶面喷施,及时补充肥料的不足。

(五)气候条件及其调节

蔬菜生长发育需要氧气进行呼吸作用,又需要二氧化碳进行光合作用。蔬菜产品中的干物质,有将近 50%的碳,这种碳就是蔬菜通过光合作用,由二氧化碳得来的。茄子每时每刻都在进行呼吸作用，这就需要有足够的氧气，将空气中二氧化碳的浓度由0.03%(即每升0.56毫克)提高到0.1%(相当于每升1.87毫克)，则光合速率可增加2倍以上；反之，如果二氧化碳浓度下降到0.005%(每升0.094毫克)时，光合作用几乎停止。这时，植株消耗本身积累的营养物质，最终导致作物饥饿死亡。

一般植物光合作用较适宜的二氧化碳浓度为0.1%左右，而大气中二氧化碳的实际含量只有0.3%。每667平方米地生长旺盛的作物，为了顺利地进行光合作用，每天需要从大气中吸收近40千克左右的二氧化碳。因此，在无机营养供应充分、光照和温度条件能相适应、光合作用旺盛的情况下，适当地人工补充二氧化碳，就可以促进光合作用，提高产量。

茄子叶面进行呼吸作用所吸收的氧气是从空气中得到满足的。当土壤中有足够的氧气时，植株的根部发育良好；当土壤板结而造成缺氧时，根部会窒息，地上部会萎蔫，生长停止。

在茄子的生长发育环境中，还可能有空气污染与危害，主要原因是工业生产中排放的废气。气体污染包括二氧化碳、氟化物、氯气、臭氧、氮化物及碳氢化物，还有固体粒子粉尘、烟尘和液体粒子烟雾、雾气等。

茄子对二氧化硫的抵抗力很弱，少量二氧化硫气体就可使植株受害。空气中二氧化硫含量在$0.5\times10^{-3}\sim10\times10^{-3}$毫升/升以上时，即可对植物产生危害。氟化氢是一种无色、具有臭味的剧毒气体，其毒性较二氧化硫大20倍，是空气污染物中对植物最有毒性的气体，当其在空气中含量达1.0×10^{-7}毫升/升时，即可使敏感植物受害。氯气污染主要来源于食盐电解工业及制造农药、漂白粉、消毒剂、聚氯乙烯塑料合成纤维等工厂排放的气体。粉尘和烟尘是工矿企业密集的烟囱和城市燃煤等所造成的，直接影响植株光合作用和呼吸作用，引起褪色，生长不良，造成减产。另外，粉尘和烟尘中还有工业生产排入大气中的许多极细小的金属微粒,如铅、镉、铬、锌、砷、汞、镍、锰等,这些物质的毒性大,能直接或间接被茄子植株吸收,污染产品,人员食后对健康危害性很大。鉴于以上问题,蔬菜生产基地在选址时,应尽量避开有毒气体产生的源头。

二、茄子的生育周期和分枝结果习性

(一)茄子的生育周期

1. 发芽期 从种子吸水萌动到第一片真叶出现时为发芽期。种子发芽首先要吸足水分,一般将干种子浸泡 8 小时左右即可。种子的吸水量在温度适宜的条件下,经 5～6 天胚根从种子发芽孔伸出,即可播种于苗床中。茄子的发芽速度比较慢,发芽期时间长,从播种到出齐苗,一般需要 15～20 天。

2. 幼苗期 从第一片真叶露出到开始现蕾为幼苗期。在幼苗期间同时进行营养生长和生殖生长,在真叶十字期(4 片真叶期)是营养生长与生殖生长的转折期。在这以前,茄子幼苗的生长量很小;在真叶十字期后,幼苗的生长量猛增,苗期生长量的 95%是在这个阶段完成的。根据幼苗期生长的这个特点,在育苗时,就应该在真叶十字期前(2～3 片真叶时)进行分苗移植。

茄子大部分花芽在幼苗期分化。所以,在生产上创造适宜条件培育适龄壮苗是茄子生产的关键。

3. 开花结果期 从门茄现蕾到采收结束为开花结果期。茄子属连续开花连续结果的蔬菜之一,开花结果期很长,因而采收期也很长。在同一植株上,基部的果实已经成熟,而植株上部仍在继续开花。只要温度、光照、肥料等环境条件适宜,可以一直开花结果。

当花蕾成熟、外部条件适宜时就开花。花的寿命 3～4 天,从开花前1天到开花后2～3天内，柱头都有受精能力。茄子以嫩果供食用，一般在开花后15～25天采收上市。生产中可根据植株的生长情况，适当提早或推迟采收果实，以调节生殖生长与营养生长之间的关系。

门茄的现蕾开花期是营养生长与生殖生长的过渡期，这个时期营养生长占优势，田间管理的重点是中耕、蹲苗，节制肥水供应，防止因肥水过多引起落花、落果，影响早期产量。从门茄坐果至瞪眼期后，幼果长至如核桃大小时，营养生长逐渐减弱，生殖生长逐渐加强，即植株的营养物质分配已转到以果实生长为中心。果实与生长点之间、下层果实与上层果实之间相互争夺养分。这一时期要加强肥水供应，并通过整枝、打杈和适时采收等技术措施，保证茎叶持续生长和果实膨大，防止植株出现早衰，达到高产优质的目的。

(二)茄子的分枝结果习性

一般早熟品种，在主茎生长到6～8片叶后，顶芽发育成第一朵花，并开花结果。中晚熟品种，要长出8～9片叶以后才着生第一朵花，结成门茄。在着生第一朵花后，在花下主茎的相邻两个叶腋各抽生一个侧枝代替主茎生长，两个侧枝的生长速度几乎一样，因而分杈形成“Y”字形。侧枝着生2～3片叶后，又各形成1朵花，所结果实称为“对茄”。在两个侧枝的花下相邻两个叶腋各自抽生2个次级侧枝代替第一侧枝生长，即分杈1次。第二次侧枝着生2～3片叶后，又以同样方式开花分枝结果，所结果实称为“四门斗”(又叫“四母斗”)。第三次发生的侧枝共有8个，所结的果实称为“八面风”。实际上，第一至第三次分枝比较有规律，再到上面几层分杈开花结果就不大规则了，结的果实通称“满天星”。

由于果实在生长发育过程中与枝条和叶子争夺养分，而且下层果实对上层果实枝叶的生长发育有抑制作用，生产上如肥水供应不足，或者下层果实的采收不及时，都会影响上层果实和枝叶的生长发育，致使上层果实生长较慢，分枝能力减弱，分枝数量减少。有时，在第一次分枝以下的主茎的叶腋，也可以生长侧枝并开花结果，但这些侧枝生长比较弱，所结果实往往成熟较迟，应及早摘除，以利于通风。

三、茄子优良品种

适于长江流域地区、华南地区等南方地区栽培的茄子优良品种有鄂茄 1 号、紫龙 3 号、绿翠长茄、巢湖长白茄、安研大红茄、湘茄 1 号、湘茄 2 号、湘茄 3 号、湘茄 4 号、湘杂 2 号、金山长茄、玫茄 1 号、粤丰紫红茄、蓉杂茄 1 号、渝早茄 1 号、渝早茄 2 号、引茄 1 号、龙杂茄 2 号、齐茄 3 号、长茄 1 号、华茄 1 号、苏崎茄、宁波藤茄、8819、杭茄 1 号、扬茄 1 号、8519、中日紫茄、布利塔(Brigitte)、高原 101(F_1)、紫珠(Glades)、美国黑珊瑚、利箭(F_1)、英姿(Command F_1)、艾鲁(F_1)、利塔丰(F_1)、法国真崎。

四、茄子露地栽培

(一)长江流域春季露地栽培

1. 栽培季节 一般于 11～12 月用大、中棚套小拱棚播种育苗，翌年春节前后分苗，4 月上旬定植，4 月下旬至 5 月上旬开花结果，5 月下旬开始采收，管理好的可采收至 8 月中下旬。

2. 品种选择 长江流域各省、市主栽品种，大多属于长条形，因此，宜选长果类早熟品种，如鄂茄 1 号、紫龙 3 号、苏崎茄、扬茄 1 号、上海条茄、杭茄 1 号、8591、引茄 1 号、渝早茄 2 号、湘茄 2 号、齐茄 3 号等。

3. 种植地的选择　茄子适于在有机质丰富，土层深厚、保水保肥力强，排水良好的微酸性和微碱性土地栽培。最忌重茬连作，需与种过茄子、番茄、辣椒、马铃薯等的土地上轮作 3～5 年。其前作最好是空茬，其次是葱蒜类、豆类、瓜类蔬菜，再次是白菜类、甘蓝类、绿叶类蔬菜。如采用茄子与大田作物如水稻、小麦、玉米等轮作，效果也很好。

4. 整地施基肥　首作清园后，土地应及时深耕，尽可能地利用早春的低温冻垡，使土壤松软，加大活土层。一般需耕耙 2～3 次，将基肥在最后一次耕耙之前施入地中。茄子每采收 5 000 千克嫩果约需从土中吸收氮 13.5 千克，磷 3.5 千克和钾 23.5 千克。如果氮以尿素供给，则需 29.3 千克；磷以过磷酸钙供给，则需 20.6 千克；钾用硫酸钾提供，则需 47 千克。由于有一小部分不能被利用，还有一些随雨水流失和挥发，故在施肥时应增加30%～40%的用量。这样，每 667 平方米用量就增加至尿素 40 千克，过磷酸钙 28.8 千克，硫酸钾 56 千克。实际施用时并非单独使用某一种肥，也不是一次将肥料全部施下。一般使用 5 000 千克优质有机肥，100 千克油菜籽饼肥。5 000 千克猪圈有机肥中，全氮为 19 千克，全磷为 9 千克，全钾为 15 千克。100 千克菜籽饼中含全氮为 5.25 千克，全磷 0.8 千克，全钾 1.04 千克，还有粗有机物 73.8 千克和有机碳 33.4 千克等物质。若将 70%的肥料做基肥，则应该是有机肥 5 000 千克，菜籽饼（或其他饼肥）100 千克，过磷酸钙 30 千克，硫酸钾 30 千克，尿素 20 千克。在最后一次耕、耙地之前均匀撒于地面，翻耕入土中，耙平后开沟做畦。定植前 10～15 天，按 1.5 米（含沟）开沟做畦，并整平畦面待栽。

5. 覆地膜　地整好以后，将地膜平铺在畦面上，能加快秧苗栽植后恢复生长的速度。用地膜覆盖有两种栽苗法：一种方法是先铺膜后栽苗，即首先在做好的畦面上铺上地膜，四周用土盖严，然后按株距挖穴栽苗，栽苗后秧苗的四周用土盖严，防止风将薄膜刮掉；另一种方法是先栽苗后铺膜,然后打孔掏苗,再用土盖严。要防止掏苗时弄伤幼苗。

6. 幼苗定植

(1)定植期的确定　茄子怕霜,过早定植常易遭受霜冻。因此,定植期要根据当地晚霜终止的早晚而定,一般在终霜期后,日平均气温以 15℃为宜。长江流域一般在清明前后的 4 月上旬定植。

(2)栽植方法　在畦上按宽、窄行栽苗,宽行 70～90 厘米,窄行 50～60 厘米,株距 35～40 厘米,每畦栽 2 行。先在畦面上按株行距挖好定植穴,再取苗置于穴中,用准备好的肥土壅根,再浇定根水,将畦面整平即可。苗子定植不宜过深,以平子叶节为准。定植取苗时应尽量多带土,保证根系少受损伤。如栽得过浅,即使土温高有利于根系生长,但幼苗扎根不稳,幼苗易被灌水冲跑或大风刮倒;栽得过深,土温低,不利于根系生长,缓苗慢。

7. 田间管理

(1)浇水　栽苗后及时浇水,最好是浇稀人粪尿水作为定植水(稳苗水)。水量不宜过大。因早春气温低,加水量太大,则土温降低过多,不利于缓苗。缓苗之后,即心叶颜色由老绿转为嫩绿时,浇第二次水,水量应大,以保证蹲苗期的土壤湿度为宜。最好浇人稀人粪尿。这一水称缓苗水或发棵水。到门茄开花时适当控水蹲苗。蹲苗的目的主要是适当控制地上部植株生长,促进根系继续向纵深发展,调节营养生长和生殖生长的平衡,以积累更多的养分供给果实的发育、膨大,获得丰产。门茄瞪眼期结束蹲苗,及时浇水。如果浇得太晚,影响果实发育,果实生长缓慢,果皮无光泽,品质差。蹲苗结束后即进入结果期,植株茎叶和果实同时生长,而且生长速度快,需要的水分也显著增多。对茄和四门斗相继坐果膨大时,需水最多。从门茄瞪眼后,视天气和植株生长情况,应每隔 5～7 天浇水 1 次,以经常保持土壤湿润,防止忽干忽湿。

梅雨季节土壤含水量大，容易引起病害和烂果，要及时排水；雨季来临时要保证排水沟畅通，以便遇雨能及时排出。浇过水后，要将畦埂打开，以免雨水排不出去。夏季的雷阵雨过后，要浇1次清水。因为雨滴经热空气蒸灼入土后，使得地温明显升高，雨后暴晴，近地高温高湿，空气闷热。雨点高速冲撞地表后，土壤孔隙变小，造成缺氧，使得植株叶片发黄变蔫，根系生长受到阻碍，并易出现烂果现象。浇清水后，可降低土温和地表温度，沟通土壤孔隙，使得根系吸收能力增强，新陈代谢恢复正常。

(2)中耕培土　中耕培土对茄子的高产有着重要意义。由于早春气温低，茄子定植后发根慢。在浇过缓苗水后，或雨后天晴、当土壤稍干时，要抓紧时机进行第一次中耕松土除草：深度为7～10厘米，保持土壤表面疏松，增加土壤透气性，以利于提高地温、保墒和促苗发新根，过10天左右再进行第二次中耕。这两次中耕都要深锄苗周围的土壤，划破苗根部的表土，促进根系向深层发展。当门茄瞪眼、对茄全部开花时结束蹲苗，及时施肥浇水后浅耕1次。门茄收获后，结合灌水追肥，待表土干湿适宜时，进行培土，防止植株倒伏。对株型高大的中晚熟品种，可插支架固定植株，每次中耕均应结合除草。枝叶封垄后，不再中耕。

地膜覆盖栽培一般无须进行中耕、除草和培土，进入6月份后撤膜浇肥水后培土。

(3)追肥　茄子的生长期长，枝叶繁茂，比番茄需肥水多。但结果前以长茎叶为主，需肥水少；结果后需肥水多。要根据各个不同生育阶段的特点进行合理的追肥。定植缓苗后结合浇缓苗水进行第一次追肥(催苗肥)，一般施稀人粪尿或每667平方米施硫酸铵或尿素10～15千克，而后以中耕蹲苗为主，防止徒长，直到门茄瞪眼期结束蹲苗。门茄瞪眼后进入结果期，植株上着生的门茄已坐住并开始迅速膨大，应结合浇水进行第二次追肥，每667平方米追施人粪尿1 000千克，或磷酸二铵或复合肥或尿素15～20千克。这次追肥如过早,果实尚未开始膨大发育,需养分少,大量养分会集中到茎叶中,容易引起茎叶徒长;如果追肥过晚,果实生长缓慢,果皮无光泽,品质差。对茄和四门斗相继坐果膨大时,是茄子需水高峰期,在对茄如鸡蛋大小时进行第三次追肥,这次是追肥的重点时期,追肥量要大,一般每 667 平方米施人粪尿4 000～6 000 千克,或尿素 20～30 千克。四门斗茄子膨大时,还要再追施 1 次较重的粪肥或化肥。中后期要增施钾肥,少施磷肥,因为缺钾植株易感病倒伏,多施磷肥易引起果实僵硬。

追肥的方法可以撒施、埋施,也可以随水浇灌。撒施时应将肥料撒在畦内株间,注意不要撒在叶片和果实上,撒后浇水。也可在雨后撒施。有些肥料如碳酸氢铵等性质不够稳定,容易挥发损失,应先挖小坑(穴)或开沟,施入肥料后盖上土再浇水。开沟挖穴时不要过于靠近主根,否则容易烧根。沟施肥料集中,肥效快,但比较费工。有些容易溶于水而性质比较稳定的肥料,如硫酸铵、硝酸铵等,可以结合浇水随水浇施。

结果期除适当追肥以外,可进行叶面施肥,以弥补根部吸肥的不足。叶面施肥省工省肥,而且肥效快。叶面施肥可喷施叶面宝微肥营养剂,它能促进茄子开花坐果,也有利于植株生长。也可喷 0.2%尿素和 0.3%磷酸二氢钾混合液,每 15 天喷施 1 次。叶面喷肥应选择晴天进行,喷施后应保证有 24 小时无雨的天气方能见效。叶面喷肥可结合喷洒农药防治病虫害一同进行。喷施最好在傍晚或早晨有露水时进行,不宜在中午进行,以免因高温而加快药液浓缩速度而造成药害。

(4)整枝摘叶　茄子的枝条及开花结果习性比较有规律,叶腋发生分枝能力差,一般不必整枝。但门茄以下各叶腋的潜伏芽极易萌芽生成侧枝,为了减少养分消耗,改善植株通风条件,应及时去掉门茄以下的无用侧枝。

茄子的整枝有双杈整枝法和三杈整枝法两种。三杈整枝法是除保留主枝外，在主茎上第一花序（门茄）下的第一和第二叶腋内抽生的两个较强大的侧枝均须保留，将基部的其余侧枝全部摘除。一般早熟品种多采用三杈整枝法。双杈整枝法是只留主枝和门茄下的第一侧枝，其余侧枝全部去掉。中晚熟品种多用双杈整枝法。

植株封行以后，为了通风透光，减少落花和下部老叶对营养物质的消耗，促进果实着色，可将下部枯黄的老叶和病叶及时摘除。如果植株生长旺盛，可适当多摘；天气高温干旱、茎叶生长不旺时要少摘，以免烈日照射果实，引起灼伤。在植株生长中后期要把病叶、老叶和黄叶摘除，以利于通风透光和减轻病虫害，并将摘除的叶子集中起来深埋或烧掉。

(5)落花落果及畸形果的防治

①落花的防治：春露地茄子落花的原因很多，如花器构造缺陷、光照不足、土壤干燥、营养不良、早春温度低（15℃以下）、进入三伏天高温多雨以及病虫危害等均可引起落花。春季露地栽培的茄子，南方由于早春持续的低温阴雨，土壤含水量过高，空气相对湿度过大；北方早春大风，空气干燥，均影响花粉的发芽而落花。如果落花是由于营养不良、水分不足、下雨过多和光照过弱等因素引起的，那就要从改善栽培技术措施上加以解决，如培育壮苗、加强肥水管理、改善植株的营养状况和及时防治病虫害等。如果落花是由于温度过低或过高引起的，则应合理地使用生长调节剂，防止落花。常用的生长调节剂有番茄灵和 2,4-D。番茄灵使用浓度为 30～50 毫克/升，可用小型喷雾器直接喷花，对茄子的枝叶无害。2,4-D 的使用浓度为 20～30 毫克/升，气温低时用浓度高限，气温高时用浓度低限。使用方法有浸花和涂花两种。浸花是将花在盛有配好溶液的容器（如茶杯、小碗等）内浸蘸一下后立即取出，要求以花柄浸到溶液为度。涂花是用毛笔蘸上药液，涂到花柄上。为防止同一朵花重复蘸上药液，产生药害，可在溶液中加入红墨水等有色染料做标记。2,4-D 只能涂抹和蘸花，不能喷花，因为它对

幼嫩叶片和生长点可产生药害。

使用生长调节剂的最佳时期是含苞待放的花蕾或花朵刚开放时,对未充分长大的花蕾和已凋谢的花进行处理效果不大。应用生长调节剂处理花朵后,所结的果实大多数没有种子。因此,留种田不可使用。

②畸形果的防治:在茄子生产中常出现石茄、双身茄、裂茄、无光泽果和着色不良果等畸形果。

石茄,又称僵茄。果实外观细小,质地坚硬,口感差。形成的原因主要是开花期遇到低温或高温,日照不足,造成花粉的发芽伸长不良,不能完全受精,形成单性结实。若植株生长过旺,即使用生长调节剂也容易变成石茄。这是因为同化养分都分配给了生长旺盛的茎叶。若植株生长弱,如果用生长调节剂处理,使单株坐果数过多,分配到每个果的同化物质少,结的果实也会成为石茄。此外,在肥料浓度高、水分不足的环境下生长的植株,同化养分减少,也会产生很多石茄。

双身茄是由于肥料过多引起的。即除满足生长点发育所需要的养分外,仍造成营养过剩,使细胞分裂过于旺盛,形成双子房的畸形果。如在花期遇到低温或生长调节剂施用浓度过大,均易形成多心皮的畸形果。

裂茄有萼裂和果裂两种。萼裂多是因为生长调节剂施用浓度过高或多次反复施用或中午高温时施用所致。生长过旺的植株发生的也较多。果裂的原因有两种:一是由茶黄螨为害幼果,使果实表皮增厚、变粗糙,而内部胎座组织仍继续发育,造成内长外不长,导致果实开裂。这种果实质地坚硬,味道苦涩。二是在果实膨大过程中,由于干旱后突然浇水或降水,果皮生长速度不如胎座组织发育得快而造成裂果。

无光泽果多发生在果实后期。土壤干旱缺水时,植株向果实中输送的水分不足而形成暗淡无光泽的劣果。

着色不良果是由于紫色素在表皮下的细胞中积累，逐步表现为紫色，而色素的形成和积累与光线有关。如种植密度过大，光照弱，特别是在不透紫外线的塑料棚和薄膜日光温室中容易形成着色不良的果实。

防止畸形果，应针对其产生的原因，采取相应的措施加以解决。

8. 采收　茄子以嫩果供食用。早熟品种始收期为定植后40～50天，中熟品种为定植后50～60天，晚熟品种为定植后60～70天。一般在开花后20～25天可以采收嫩果。采收得迟早，不仅影响到果实的品质，同时也关系到产量。采收过早，果实发育不充分，产量低；采收过迟，种皮变硬，果皮老化，果肉粗糙，将降低食用品质。门茄采收不及时，易形成坠根茄，影响到对茄的生长发育。

茄子采收的标准是看"茄眼"的宽度。"茄眼"是萼片与果实相连的地方，有1条白色到淡绿色的带状环。如果这条环带宽，表示果实正在迅速生长，组织柔嫩，不宜采收；若这条环带逐渐趋于不明显或正在消失，表明果实的生长转慢或果肉已停止生长，应及时采收。门茄宜稍提前采收，既可早上市，又可防止与上层果实争夺养分，促进植株的生长和上层果实的发育。雨季应及时采收，以减少病果、烂果对产量的影响。

茄子采收的时间最好安排在早晨，其次是傍晚，不要在中午气温高时采收。因为果实表面的温度在早晨要比其周围的气温低，果实显得新鲜柔嫩，有光泽，且有利于贮藏运输。中午时果实表面的温度反而比周围的气温高，果实的温度高，则呼吸作用大，营养物质的消耗多，采收后品质容易变劣，不耐贮藏与运输。如果需在中午采收，采收后须进行预冷处理，以降低果实的温度。采收的方法是用剪刀或刀子齐果柄根部采下，不带果柄，以避免在装箱运输过程中刺伤果皮，影响果实的外观品质。

(二)长江流域秋茄栽培技术

1. 栽培时间和育苗 一般安排在5～6月,在露地播种育苗,苗龄50～60天。苗床上方应设小拱棚,天气好时可敞开,刮风下雨时遮荫防雨,特别要防止暴雨毁苗。

育苗的方法可参照前述育苗部分进行。如用营养钵育苗,每个钵播种催过芽的种子2粒,播后覆土1厘米,5～6天苗出齐后再撒一层细土。幼苗长到1叶1心时,每钵只留1株苗。也可撒播育苗,将过筛的腐熟农家肥均匀撒在床上,每平方米撒10千克,加复合肥50克后再浅翻床土1～2次,使肥土与表层土壤混匀,做成高畦,畦宽1～1.2米,长度根据需要而定。畦沟要宽一些,以利于苗床管理。将畦面刮平后,即可浇水播种。播种前先将床土浇足底水,待底水全部渗下,表面略干后再播种。播种后覆盖一层厚度为1～1.5厘米的过筛细土。为保持土面湿润,可在土表再盖一层遮阳网,开始出苗时立即揭去覆盖物,防止出现瘦弱苗。因此时温度高,幼苗生长快,要适当控制浇水,不旱不浇,以防止徒长。出苗后及时间苗,待幼苗2叶1心时分苗,苗距10～12厘米。如发现缺肥,可在叶面喷施0.2%尿素和0.3%磷酸二氢钾混合液。

2. 品种选择 秋茄生长前期正值高温干旱季节,产值主要靠中后期产量。因此应选择耐热和抗病性强的中晚熟品种,如湘茄4号、紫光长茄、蓉杂茄1号、杭茄1号、扬茄1号、利箭、高原101等。茄子颜色以紫黑色和紫红色为好。

3. 种植方式 秋茄生长期正值高温多雨季节,宜选择有机质含量丰富、土层深厚的砂壤土种植。黏壤土往往因通透性差而引起沤根,尤其是定植后很快进入高温多雨季节,土壤含水量高,更容易引起沤根和涝害。因此,要选择灌溉方便、易于排水的地块,采取深沟高畦的栽培方式。这种栽培方式土壤透性好,雨季便于排水,并可使主根生长在深厚的土层,以避免地表高温的影响,这是越夏成功和获得高产的关键。垄距要和选用品种的长势和当地生长期长短相适应。一般垄距 100～150 厘米(含沟的宽度),株距 30～45 厘米。每垄栽 2 行。

秋茄一般在 6 月中旬至 7 月中旬定植,8 月份开始采收上市,可采收至 10 月。由于秋茄生育期要经历高温多雨季节,土壤养分易分解流失,故需重施基肥,才能满足植株生长发育的需要。一般沟施或穴施更有利于发挥肥效。每 667 平方米施优质农家肥 5 000～7 000 千克、磷酸二铵 40 千克、而后做垄或做畦。

4. 田间管理　门茄坐住后及时追肥浇水,每 667 平方米追施尿素 20 千克。茄子结果的中后期应每隔 10 天追施 1 次化肥或人、畜粪尿。每次每 667 平方米需追施尿素 15～20 千克,磷肥 15 千克,钾肥 10 千克,这样才能延缓植株衰老,促进果实生长,保持后期产量。茄子封垄后,提倡随水施氮技术,这样既可使氮肥渗到耕层中下部,便于根系吸收,又可避免氮素的挥发损失。

高温干旱时期要保持水分供应。除需经常浇水外,还应在垄沟或畦面铺放稻草,这样既可有效降温、保湿,防止杂草丛生,又可防止土壤板结,减少病害发生。

加强中耕除草是夏播茄子管理的重要环节,为配合中耕除草还要逐步培土。其他各项田间管理工作,如整枝打杈、采收果实与春茄子相同。由于夏季高温,植株生长快,各项措施均须做到及时、精细。

(三)华南秋冬露地栽培

1. 主要栽培地区　广东、广西、海南省(自治区)和福建、云南省的部分县、市秋冬季均可实行露地栽培。其生产的产品除供给本地区消费外,很大一部分是销往全国各地,是南菜北销的蔬菜生产基地。像茄子这类耐贮运的蔬菜还可外销至日本、韩国和俄罗斯等国际市场,生产潜力很大。

2. 品种选择 由于广东、广西、海南3省、自治区所产茄果类蔬菜除供应本地消费外,还销往长江流域和东北、华北、西北地区,以及高寒山区,市场广阔,销售渠道也多。各地对品种的要求不同,如东北地区喜欢条茄类品种,如龙杂茄2号、齐茄3号、长茄1号、辽茄4号、沈茄1号等;华北和西北地区则较喜欢圆茄类品种,如北京的6叶茄、7叶茄、9叶茄、丰研1号,天津的大苠茄、二苠茄,内蒙古的内茄1号、蒙茄4号,河北的茄杂1号、茄杂2号、安研大红茄等;长江流域则偏爱较细长的紫黑色条、棒状茄子品种,如鄂茄1号、紫龙3号,安徽的绿翠长茄、巢湖长白茄,江苏、上海的苏崎茄、扬茄1号,浙江的杭茄1号、宁波藤茄,江西的8591,湖南的湘茄系统品种,四川、重庆的渝早茄1号、渝早茄2号、蓉杂茄1号,福建的金山长茄、玫茄1号;华南地区喜爱紫红色长茄类品种如粤丰紫红茄、中日紫茄、早红茄、早丰红茄等。这些都是各地的一些优良品种,可根据茄子销售的走向,选择适销对路品种。

3. 栽培季节 华南地区6～8月多台风、暴雨,不适于茄子栽培,所以从供应本地区的茄子产品考虑,可于9～11月播种,翌年元旦、春节少量供应市场;从南菜北调角度考虑,内蒙古自治区和东北、西北等地9～10月露地就不能生产茄果类蔬菜而进入淡季,华北在11月、华中长江流域在12月相继缺乏茄果类蔬菜。因此,华南地区宜提前至7～8月播种茄子,8～9月定植,9～10月开始采收,便可陆续供应北方市场。海南省气温较高,可于9月播种,12月始收,可采收至翌年4月。为了均衡上市,应有组织地实行有计划的大面积排开播种,这样就可源源不断地供应北方市场。

4. 栽培要点

(1)播种育苗 一般采用育苗移栽。由于7～8月播种的常有台风、暴雨袭击,最好安排在大、中、小棚中遮荫育苗;9月以后播种的,可在露地播种育苗,进行育苗移栽。宜选多年没种过茄科作物、保水保肥力强的地块做苗床,播种可用撒播或条播。幼苗生长期间，应间1～2次苗，剔除过密的和过弱的苗。或进行一次分苗，使幼苗有较大的生长空间，以培育壮苗。

(2)整地、施基肥　选3年以上没种过茄科作物的土地种植茄子，并进行深耕，使土层深厚疏松。每667平方米施用腐熟鸡粪1 000千克，加入过磷酸钙30千克。起高垄，一般畦高30厘米，畦宽1.5～1.6米，栽两行，株距50厘米。排水不良的土地和黏质土壤，畦沟要适当加深。

(3)定植　定植应在晴天进行。定植前先充分浇湿苗床，起苗时尽量多带土，采用开穴种植。最好能用腐熟堆肥土壅根，栽苗后即淋定根水。以后每天淋水1～2次，保证土壤湿润，促进幼苗成活。定植的密度根据品种特性而定，早熟品种行距60～70厘米，株距40～45厘米；中晚熟品种行距70～80厘米，株距45～55厘米。

(4)肥水管理　茄子生长旺盛，结果期长，要提高产量和品质，必须有充足的水、肥作保证。定植后10天，可追肥浇粪水或每667平方米追施尿素10～15千克。以后约10余天追肥1次，开花结果后追肥量加大。在结果盛期，每667平方米施三元复合肥50～60千克，并加施人、畜粪尿等有机肥，促进果实的膨大和植株生长，防止早衰。茄子既怕涝又怕旱，排水不良易发生病害，高温干旱则会落花落果。因此，高温干旱时要注意灌水，保证茄子生长对水分的要求。结果期间，保持畦面土不发白，畦沟土壤呈湿润状态。

(5)中耕、培土和整枝打叶　茄子主要生长季节在炎热多雨的夏季，雨后土壤容易板结，空气不流通，常使茎基和根腐烂。因此，要及时中耕松土，并结合除草、培土和施肥促进根系生长。茄子枝叶繁茂，较易荫蔽而落花落果，需要进行整枝。一般在第一朵花出现时留两个分枝，将茎下部侧枝一律剪去。老叶靠近地面，往往是荫蔽最厉害的地方，光合作用微弱，是消耗养料的重要部位。同时病虫也多，特别是茶黄螨和红蜘蛛大多寄居其上，故应及时摘除，严格销毁,以利于通风透光,减少养分浪费。

(6)植株再生技术　随着茄子结果部位的上升,植株越长越高,上部果实个小,着色不好,食用价值和商品性均有所下降,故采收到“满天星”以上两台果后,植株需要更新,在对茄部位以上10厘米处剪去上部所有枝条,使之再生;剪枝后将植株上所有叶片都打掉,清除干净,每667平方米追施三元复合肥40～50千克,用50%多菌灵可湿性粉剂600～800倍液和20%灭多威乳油600～1 000倍液分别喷洒植株和地面,消灭地面和植株上残存的病虫害。如干旱则灌1次透水,以促进植株上分枝的抽生。新枝萌发后枝条较多,待长至10厘米左右时,在四个方向各选留壮枝1个,将其余枝条全部剪去。一般剪枝30～40天后,第二茬茄子便可开始采收上市。一直可采收至翌年4～5月春茬茄子上市为止。

(7)防冻　广州、深圳市一般年份无霜冻,茄果类蔬菜可安全越冬。但有的年份也有严霜出现,水会结冰,茄果类蔬菜中的番茄、茄子、辣椒均会被冻死。因此,在冬天低温季节要注意收听天气预报,如果有0℃左右或0℃以下的低温出现,就应采取措施降低地面热辐射,阻止降温。其措施主要有以下4项:①熏烟。用柴草、树枝等堆成堆,上面盖土,土的厚薄视所堆柴草的厚薄而定。用较少的柴草燃烧产生较多的烟雾,利用烟雾阻止热的辐射,这样温度就不会降得太低。如燃烧烟雾剂效果更好。燃烧柴草和烟雾剂应在低温出现前1小时左右在上风头进行,以烟雾能在作物上空滞留为最好。②覆盖薄膜。当天气预报气温要降至0℃或0℃以下时,头天在作物上覆盖薄膜。如果温度不是太低,盖膜效果较好,将膜展开盖在植株上,盖得越严越好。③在植株基部培土护住根颈部。如果地上部受冻,气温回升后剪去受冻植株,令其萌发新梢,这样做比重新栽种来得快。④如果突然发生霜冻冻死植株,但气温很快回升,则可将受冻植株全部剪掉,只留近地面一小段,用土盖住，也可重新长出植株，但必须紧接着加强肥水管理，才可取得较好收成。

（四）华南春夏露地栽培

1. 种植地区　广东、广西、海南等省、自治区为主要栽培地区。主要是为本地区城、镇市场提供产品。

2. 种植品种　宜选择本地区受欢迎的紫红长茄类品种，如粤丰紫红茄、中日紫茄、早红茄、早丰红茄、紫光等。

3. 种植季节　一般于12月至翌年2～3月均可播种，2～3月定植，3～4月开花结果，4～5月开始采收供应市场。

4. 栽培要点　①每667平方米施足施腐熟厩肥5 000千克，过磷酸钙30千克，三元复合肥50千克。②深沟高畦栽培，以利于多雨夏季排灌方便。③选晴天进行定植，幼苗要多带土，注意浇水保苗。④肥水管理要及时。因春、夏季雨水多，重点注意排水，做到雨停田干。追肥应“少吃多餐”，进入盛果期后重追肥，每667平方米施三元复合肥30～40千克，沟施于行中，防止植株早衰。⑤注意中耕培土，防止倒伏，必要时每株插一粗棍，将主茎绑于其上，防止植株果实过重产生歪斜、倒伏不便于管理，而影响产量和品质。⑥及时整枝和打老叶。整枝打老叶有利于通风透光，使茄子着色好，以提高商品性。同时也可减少养分的浪费，使养分能满足茄子生长所需。

五、茄子设施栽培技术

设施栽培是指在不适宜蔬菜生长发育的条件下，用一定的保温防寒或降温防雨等设备，人为地创造适宜蔬菜生长的小气候环境，进行蔬菜生产的方式。设施类型包括温室、大棚、中棚、小棚等。长江流域常见的主要有组装式拱圆形大、中棚和自制拱圆形大、中棚。

(一)茬口安排

早春茄子于10月上旬播种,11月下旬假植于营养钵,翌年2月上中旬移栽定植,6月根据市场价格决定拉秧清园时间。

茄子清园后及时耕翻休闲,同时通过暴雨淋溶以降低盐渍化,利用废旧棚膜在高温高湿下覆盖厢面,处理1～2周,可以杀灭部分微生物及害虫。

(二)早春茄子栽培

早春茄子栽培主体设施为钢管大棚,长、宽、高为50米×8米×2.8米。采用三棚四膜方式栽培,即:全地膜覆盖(配套软管滴灌设施);每厢一个用竹片制成的小拱棚;低温期在钢管大棚与小拱棚之间配套一个用南竹片制成的中棚;其中苗田在12月中下旬搭建,移栽田在定植时搭建。第一批茄子上市前(约3月中旬)撤掉小拱棚和中棚。

1. 栽培品种 用8820、黑崎长茄。

2. 培育壮苗

(1)营养土的配制 选未种过茄科作物的园土与腐熟的优质有机肥按7∶3比例加入0.1%三元复合肥配制。

(2)种子处理 用55℃温水浸种15分钟,待水温降至30℃时,用清水搓洗种子表面黏液,再放到清水中浸种8～12小时。

(3)播种 播种前苗床充分浇透水后撒种子,而后撒一层细土盖种子,盖种子的土层厚度以不见种子为宜。

(4)苗床管理 当幼苗出土以后,迅速揭膜通风,以增加光照。若幼苗有“戴帽”现象,可用细碎营养土或细沙均匀地撒入苗床,这样既可帮助幼苗脱帽,又可以保湿护根。随着幼苗的长大,应逐渐降低苗床的温度,晴天白天温度控制在25℃,阴雨雪天控制在

20℃左右，晚上控制在15℃左右。苗床要见干见湿，若床土发白或叶片出现萎蔫，应及时进行补水，补水一般在晴天的中午进行，补水多少视床土干湿而定。补水后要延长通风时间，尽量降低棚内空气相对湿度。做到早揭晚盖，逐渐炼苗，培育壮苗。

3. 整地施肥 前茬作物收获后迅速清洁田园，深翻冻垡，在移栽前15天盖棚整地施肥，每667平方米大棚施腐熟优质有机肥2 000千克，三元复合肥50千克，按1.2米开厢，做深沟高畦。厢面做成龟背形，在每个厢面上布好两根滴灌带，抢墒覆膜，尽量做到全膜覆盖。

4. 定植 根据栽培设施的保温性能确定定植时间，在长江中下游地带大棚一般在立春前后选冷尾暖头的天气进行定植，株行距30厘米×45厘米，栽后浇足定根水，并用碎土将移栽膜孔封好，确保地膜保温、保湿、防草害。

5. 大田管理

(1)温度管理 定植后温度以控制在25℃～30℃为宜，一般棚内温度在25℃以上时揭棚膜通风。定植成活后，可适当降低棚内温度，逐渐加大通风时间，但棚内温度最低不能低于10℃，最高不超过30℃。

(2)光照调节 茄子喜光，每天早上太阳出来后及时揭内膜(小拱棚膜)，阴雨天温度达15℃时也要揭内膜，以增加棚内光照。

(3)水分管理 大棚要注意换气，保持棚内干燥，但土壤持水量不得低于60%。若土壤过干，还应及时灌水，最好选择在晴天中午进行。浇水应做到少量多次，灌水后要延长通风时间，确保大棚内干燥，尽量避免因棚内湿度过大造成“棚露”，而对茄子的生长极为不利。

(4)保花保果 为提高茄子坐果率，生产上常采用浓度为10～15毫克/千克的2,4-D溶液点花柄，在配液时加入少量红墨水做标记，以免重复点花造成药害。

(5)整枝　整枝是为了有利于通风透光,减少养分消耗,减轻病害。一般采用双干整枝,每株保留两个分杈,每个分杈上再留两个分杈,多余侧枝全部打掉,并及时摘除基部老叶。

(6)合理追肥　施足基肥后,一般在4月中旬前无须追肥,在结果高峰期开始追肥,每采收两批果追肥1次,结合滴灌补水追0.3%复合肥。

(7)病虫害防治　病害主要有疫病、斑枯病和灰霉病,可喷施速克灵、多菌灵和百菌清防治。虫害主要有蚜虫、蓟马和红蜘蛛,可用吡虫啉和爱福丁防治。

(三)茄子设施栽培技术

指1～3月定植的蔬菜栽培。茄果类蔬菜喜温,露地栽培适宜的播种期在4月上旬。提前至1～3月栽培,因温度低,除采用保温设施和选用早熟、高产、抗病、耐低温品种外,还必须注意以下技术。

适于长江流域设施栽培的早熟茄子品种有紫龙3号,鄂茄1号,湘茄1、2、3、4号,蓉杂茄1号,金山长茄,渝早茄1、2号,杭茄1号,扬茄1号,8591,苏崎茄等。10～11月在保温苗床育苗,12月至翌年1月在加温苗床育苗,每667平方米用种量为50～75克。2月下旬至3月上旬于大棚定植,以后陆续在中小棚定植。

结合整地每667平方米施饼肥150千克(或厩肥2 500千克),尿素10千克,磷肥25千克,钾肥10千克。按1.3米开沟做畦,宽行80厘米,窄行50厘米,株距40厘米,每667平方米栽2 500～3 000株。定植缓苗后,每667平方米追施尿素10千克,共追施3～4次。不盖地膜的,要中耕除草培土,既要保持土壤疏松,又要防止倒伏。如茄子缺水,果皮粗糙、品质差,因此要保持土壤湿润而不渍水。温度较低时,采用30毫克/升番茄灵或20毫克/升2,4-D溶液蘸花保花保果,可增加早期产量。生长期间,经常剪去下部老叶和基部的分枝,以利于通风透光,减少病害,一般每667平方米产量2 000～2 500千克。

六、茄子的采收及采后处理

(一)采　收

商品茄子以采收嫩果上市，果实一般在开花后15～20天即可采收。采收时间不同，成熟度有差异。采收过早，果实未充分发育，产量低；采收过晚，种皮坚硬，果皮老化，影响销售，降低食用价值。因此，茄子一般应在果实充分长成、有光泽、硬实时采收。

(二)挑选整理

为了使茄子产品具有良好的外观，在田间采收后，应随即进行产品的挑选和整理工作。挑选和整理应在阴凉通风处进行。采收的果实不留果柄，将果柄齐果肩切齐，擦去果实表面泥土、污物，剔除病果、虫果、受伤果、裂果和僵果。

(三)分　级

2001年国家颁布的无公害食品茄果类蔬菜行业标准(NY 5 005～2 001)主要强调产品的卫生指标，在感官指标中没有分级要求，但在现代商品流通过程中，混级是绝对不允许的。分级的主要目的是使茄子产品达到商品的标准化。分级可剔除不合格的产品，这对于避免包装内部的污染传播是非常有意义的；同时，分级对质量要求也是必要的。分级可使同等级、同规格、同一包装内的茄子在外观上具有均一性。茄子品种繁多，不同品种其果实形状、大小、色泽不同。同一品种在不同环境条件或不同栽培技术下果实的形状、大小、色泽也有差异。同一批商品茄子，其果实形状、色泽、大小应相对一致。茄子按其品质分为一等品、二等品和三等品3个等级，每个等级按照果实的大小分为大果、中果、小果3种规格。长茄和卵圆茄以果实长度作为规格的划分依据，圆茄以果实的直径作为规格的划分依据。茄子的长度指果柄到果尖之间的距离,横径指垂直于纵轴方向测量获得的茄子的最大长度。果实大小的整齐度用变异幅度来表示。其计算公式如下:长茄和卵圆茄用果长的平均值乘以1±10%表示;圆茄用横径乘以1±5%表示。规格不作为茄子产品分级的依据,也与等级质量无关。但该规格的划分对于满足包装的选择具有实际意义。茄子等级规格的划分见表10。

表10 茄子等级规格

项目		等级		
		一等品	二等品	三等品
品质要求	品种	同一品种	同一品种	同一品种或相似品种
	成熟度	种子未完全形成	种子已形成,但不坚硬	
	色泽	具有本品种特有的颜色	基本具有本品种特有的颜色	
	果形	果形具有本品种特有的形状	允许有5%的不规则果	允许有10%的不规则果
	新鲜	果实有光泽、硬实、不萎蔫	果实有光泽、硬实、不萎蔫	果实有光泽、较硬实
	整齐度(%)	≥90	≥85	≥80
	机械伤	无	伤害面积不明显	伤害面积不严重
	清洁	符合清洁要求	符合清洁要求	符合清洁要求
	异味	无	无	无
	灼伤	无	无	无
	冷害	无	无	无
	冻害	无	无	无
	病虫害	无	无	无

续表 10

<table>
<tr><th colspan="3" rowspan="2">项　目</th><th colspan="3">等　级</th></tr>
<tr><th>一等品</th><th>二等品</th><th>三等品</th></tr>
<tr><td rowspan="9">规格（厘米）</td><td rowspan="3">长茄</td><td>大果</td><td colspan="3">果长≥30</td></tr>
<tr><td>中果</td><td colspan="3">20≤果长＜30</td></tr>
<tr><td>小果</td><td colspan="3">果长＜20</td></tr>
<tr><td rowspan="3">圆茄</td><td>大果</td><td colspan="3">横径≥15</td></tr>
<tr><td>中果</td><td colspan="3">11≤横径＜15</td></tr>
<tr><td>小果</td><td colspan="3">横径＜11</td></tr>
<tr><td rowspan="3">卵圆茄</td><td>大果</td><td colspan="3">果长≥18</td></tr>
<tr><td>中果</td><td colspan="3">13≤果长＜18</td></tr>
<tr><td>小果</td><td colspan="3">果长＜13</td></tr>
<tr><td>限度</td><td colspan="5">一、二等品每批样品质量要求的总不合格品百分率不得超过5%，其中不得有腐烂果。不符合规格要求的个数不超过10%
三等品每批样品质量要求的总不合格品百分率不得超过10%，其中腐烂果不得超过1%。不符合规格要求的个数不超过10%</td></tr>
</table>

注：腐烂、异味、冻害和病虫害为主要缺陷

（四）预　冷

高温不利于茄子产品的保存。预冷可除去茄子产品所携带的田间热量和减少呼吸热，降低组织的代谢水平，防止病菌污染造成的腐烂，保持产品品质。

预冷方法包括风冷、水冷、冰冷、真空预冷和差压预冷。在用水冷和冰冷预冷时，需保证用水的洁净，特别是应注意水冷法中的交叉污染与消毒剂禁用问题。

贮藏、运输或将放入控温货柜销售的茄子，经分级等处理后可装入容量为10～20千克的塑料筐或纸箱等容器中，尽快入预冷库，并在9℃～12℃下预冷。采收后立即上市并在常温下销售的茄子可不进行预冷处理。有条件的可采用真空预冷和差压预冷法。

(五)包　装

茄子从产地采收到消费者手中要经过采后处理、运输、贮藏和销售等环节，程序较多，过程较长。因此，产品需要包装。包装的目的是使产品在这些环节中便于装卸和搬移，减少因相互摩擦、挤压与碰撞等造成的机械损伤，减少产品的水分蒸发，保持产品的新鲜度，提高产品的价值。为了保证茄子产品的清洁，无论是包装材料，还是作业过程，均需注意防止产品污染。

用于包装的容器(箱、筐等)应大小一致，整洁，干燥，牢固，透气，美观，无污染，无异味；内部无尖突物，外部无钉刺；无虫蛀、腐朽、霉变现象。纸箱无受潮、离层现象；塑料箱应符合国标 GB/T 8863 中的有关规定。特别是重复利用的包装容器，要注意清洗容器上的污垢，防止大肠杆菌的繁殖。

产品应按等级、规格分别包装。每批茄子的包装规格、单位净含量应一致，每件包装的净含量不得超过 10 千克。

包装分运输包装和销售包装两种。用于茄子的运输包装的主要有竹筐、纸箱、木箱、塑料箱等。包装材料应耐水、耐高温、耐低温，并具有一定的机械强度，在搬运中不至于变形和损坏。销售包装尽可能使用一次性材料，且无毒、卫生，能够再生利用。目前使用的主要有纸、泡沫塑料和塑料薄膜。茄子净菜上市小包装主要形式有托盘包装和收缩包装。托盘包装也叫泡罩包装，是将茄子等蔬菜整齐地放在塑料托盘上，以透明材料或其他薄膜封合。收缩包装是以收缩薄膜为材料进行产品包装，当加热时薄膜收缩紧贴产品，形成一层保护屏障。收缩包装可单果粘着膜包装，也可将几个茄子放在一起进行包装。销售包装必须保证包装内产品的质量好、重量准确。

每个包装上均应标明产品名称、产品的标准编号、商标、生产单位名称、详细地址、产地、等级、规格、净含量和包装日期等，标志上的字迹应清晰、完整、准确。

(六)贮　藏

1. 茄子贮藏特性　茄子贮藏中有两个主要的难点：一是果实易腐烂，二是果柄和萼片易脱落。腐烂与脱落是相互影响的，即腐烂的茄子很容易使果柄和萼片脱落，而果柄和萼片脱落的茄子又很容易腐烂。

2. 贮藏技术　贮藏原理是通过控制温度、氧和二氧化碳的浓度来减低产品的呼吸作用和抑制微生物活动，通过控制湿度来防止产品过度失水。贮藏方式有气调贮藏、冷藏、通风贮藏、埋藏和贮藏室贮藏等。

采收的茄子宜尽快放入预冷库，将茄子预冷到 9℃～12℃后再进行贮存，贮存温度保持在 10℃～14℃，空气相对湿度保持在 90%～95%。

贮藏时须按品种、等级与规格分别存放。堆码时要小心谨慎，轻卸，轻装，严防挤压碰撞，严防果实损伤。堆码方式须保证气流能均匀地通过垛堆。贮藏库须有通风换气装置，以确保温度和空气相对湿度的稳定与均匀。贮藏期间应定期检查，如果发现皱缩果或病虫害果，要及时剔除。

气调贮藏要求的气体指标是：氧分压 2%～5%，二氧化碳 3%～5%。气调法贮藏能够防止和减少茄子果柄和萼片脱落。因为低氧和高二氧化碳有降低茄子组织产生乙烯的能力，并能阻止空气中的乙烯使果柄形成离层而造成的茄果柄脱落。气调贮藏法可以贮藏20～30 天。

用通风贮藏库贮藏茄子时，为了防止和减少在贮藏过程中病虫害的发生，必须预先对贮藏库进行熏蒸和药物消毒处理。但要严防熏蒸剂和药物残留造成茄子产品污染。

临时贮存须在阴凉、通风、清洁、卫生的条件下存放,严防暴晒、雨淋、高温、冷冻、病虫害及有毒物质的污染。如空气过分干燥,果皮易皱,果实上应加盖聚乙烯薄膜,防止果实萎蔫。茄子在常温(23℃~30℃)下的保鲜期为5天左右,而小包装茄子(托盘包装)在12℃温度下的保鲜期为14天左右。

(七)运　输

茄子产品在运输过程中,一方面需要保持产品所处的适宜环境,另一方面还要注意使果实不发生机械伤害以防止病原体侵入。因此,必须选择合适的运输系统,以维持茄子在生产和采后处理过程中所形成的品质与安全性。运输系统主要包括包装材料、包装方式、运输工具和运输环境。

茄子收获后应就地整修,运输前要先进行预冷,除去从田间携带的热量,降低产品内的温度,延缓代谢速度,防止腐烂,保持品质。预冷后及时包装。预冷应符合运输包装的规定。

运输工具主要有卡车、火车、货轮、飞机等。运输工具应清洁、卫生、无污染。每次使用时,必须预先对运输工具的装货空间进行清扫和熏蒸消毒。但要防止消毒剂残留造成茄子污染。为防止和减少运输过程中货物的颠簸、撞击、挤压和倾倒,货厢内要有支撑,以稳固装载。堆码不宜过高,并留有适当空间,以便通风散热。运输时,应做到轻装、轻卸,严防机械损伤。

短途运输时,严防日晒、雨淋;长途运输时,在装运之前宜将温度预冷到9℃~12℃。运输过程中温度宜保持在10℃~14℃。在冬季运输或在寒冷地区运输,可用保温车或保温集装箱;在夏季运输时,用冷藏车或冷藏集装箱。没有冷藏设备的,运输距离不宜过长。运输过程中货箱内的空气相对湿度应维持在90%~95%。注意及时排出货箱内因果实呼吸所释放的热量,要采取相应的通风措施。

思考题

1. 茄子开花结果的最适合温度是多少？
2. 茄子对水、肥的要求如何？怎样满足其要求？
3. 茄子整枝打老叶如何进行？
4. 怎样防止茄子落花落果？

第六章　辣椒栽培管理技术

一、辣椒对环境条件的要求

辣椒属喜温蔬菜。在热带和亚热带地区,可成为多年生植物,在我国一般作为一年生作物栽培。除海南省和广东省南部地区辣椒可以露地越冬栽培外,其他地区露地越冬均会冻死。但近年我国北方利用保护设施,也可进行越冬栽培。下面就是辣椒栽培过程中对环境条件的具体要求。

(一)温　度

辣椒不同的生长发育时期,对温度的要求不同。种子发芽适温为25℃～30℃,4～5天可以发芽。温度低于15℃时发芽困难。白天保持20℃～27℃、夜温在15℃～18℃时,有利于植株生长;夜温低于15℃时,植株生长缓慢,难以授粉,易引起落花落果;高于35℃时花器发育不全或柱头干枯不能受精而落花,即使受精,果实也不能正常发育而干萎。果实发育和转色期适温为25℃～30℃。辣椒整个生长期间的温度范围为15℃～35℃,低于12℃就要盖膜保温,超过35℃时需要浇水或盖网降温。

(二)光　照

辣椒为中光性植物,只要温度合适,营养条件良好。光照时间的长或短,对花芽分化和开花影响不大。但在较短的强光照下,开花较早。辣椒的光饱和点为30 000勒,光补偿点为1 500勒。

辣椒不同的生育期对光照强度的要求不同。种子有厌光性,发芽阶段不需要光照。幼苗生长发育阶段需要良好的光照条件，如果光照足，幼苗的节间就短，茎粗壮，叶片厚，颜色深，根系发达，抗逆性强，不易感病，苗齐苗壮，为优质高产打下良好基础；如果光照不足，幼苗节间伸长，含水量增加，叶片较薄，颜色浅，根系不发达，苗瘦弱，抗逆性差，易感染病害，影响产量和品质。开花坐果期需要充足的阳光，以保证较高的同化率，促进果的正常膨大。要合理密植，防止株间相互荫蔽。

（三）水　分

辣椒对水分要求严格，既不耐旱也不耐涝。由于根系不够发达，吸收功能较弱，必须保证水分的供给，并保持土壤有较好的通透性。一般大果型品种需水量较大，小果型品种需水量较小。不同生长发育阶段需水量也不同。全生育期内用水效率为每立方水的果实产量为1.5～3千克。

种子发芽需要吸收一定的水分。因辣椒种皮较厚，吸水较慢，栽培上常浸种催芽，一般浸种8～12小时，种子充分吸水后可促进发芽。在育苗过程中幼苗对水分要求比较严格。水分过多而形成徒长苗，根系分布浅，根群较小；但如果水分控制过严，不但使正常生长受到限制，而且会使组织木栓化而形成老化苗。所以，在控制水分蹲苗时，要掌握好蹲苗时间和程度。辣椒幼苗吸水量较小，但需保持床土湿润。辣椒从开花定植到结果，土壤水分宜稍少，以避免茎叶徒长。初花期由于植株生长量大，需水量增加，特别是在果实膨大期，需要供给充足的水分。如果水分不足，子房发育受到抑制，不利于果实膨大和植株生长发育，易引起落花落果，或畸形果增多。进入盛果期是需水量最大的时期，水分不足会导致果实发育不良，产量将大大降低。空气湿度和土壤湿度过高或过低，对幼苗生长发育和开花坐果影响很大，同时易引起病害。一般空气相对湿度以60%～80%为宜。空气湿度过大，幼苗容易发病，初花期易落花。盛花期过于干燥,也会造成落花落果。在气温和地温适宜的条件下,辣椒花芽分化和坐果对土壤水分的要求以55%为最好。干旱易引起病毒病。淹水数小时,植株就会萎蔫死亡。对空气相对湿度要求以不超过80%为好,过湿易发病,过低影响坐果。

(四)土 壤

辣椒根系生长对土壤要求较严格,肥沃、富含有机质、保水保肥、排水良好、通气性良好、土层深厚的沙质壤土最适于辣椒生长。土壤pH值以6.2～7.5为好。地势低洼的盐碱地或土壤板结通气不良的土壤,均不利于辣椒生长。

(五)营 养

辣椒需肥量大,不耐贫瘠,尤其对肥料中磷、钾的需求量较大。在施足有机肥的基础上,追施化肥要注意氮、磷、钾的合理配比。但辣椒耐肥力较差,特别在温室栽培中,一次性施肥量不宜过多,否则易发生生理障碍。整个生育期中,辣椒对氮的需求最多,约占三要素的60%;钾约占25%,磷约占15%。此外,辣椒还要吸收钙、镁、铁、硼、铜、锰等多种微量元素。

在各个生长发育时期,需肥的种类和数量也有差异。幼苗期生长量小,需肥减少,但质量要好,以充分腐熟的有机肥和一定比例的磷、钾肥为好,可促进根系发达。辣椒幼苗期就进行花芽分化。氮、磷肥对幼苗发育和花的形成有显著影响。氮肥过量会延缓花芽的分化;磷肥不足不但发育不良,而且花的形成迟缓,产生的花数也少,并常形成一些不能结实的短柱花。

辣椒移栽后对氮、磷肥的需求量增加,合理施用可促进根系发育,为植株旺盛生长打下基础。氮肥用量过多,植株易徒长,将推迟开花坐果。坐果期氮肥的需求量逐渐加大,至盛花盛果期达到高峰。增施磷、钾肥可促进根系生长和果实膨大，增加果实的色泽。

辣椒的辣味受氮、磷、钾肥含量比例的影响。氮多，磷、钾少，辣味降低；反之，则辣味浓。大果型品种如甜椒需氮较多，小果型品种需氮肥较少。辣椒为多次采收的作物，生育期和采收期长，需肥量较多，故除了施足基肥外，还应及时追肥，一般每采收1～2次需追肥1次，以满足植株生长和开花结果的需要。在花期叶面喷施0.2%硼肥，可加速花器官的发育，增加花粉，促进花粉萌发、花粉管伸长和受精，但浓度千万不能过大。

二氧化碳的施用，可减少辣椒落花落果，植株分枝能力增加，株型扩展，花蕾发生量增多，结果数增加，单果品质提高。保护地辣椒适宜施用二氧化碳的时间为开花坐果期，一天中宜在日出后不久进行，通风前0.5～1小时停止施用。二氧化碳施用浓度为550～750毫克/立方米。

二、辣（甜）椒主要栽培品种

按照现在生产中主栽的辣椒品种大致可分为4类：一是泡椒类，二是牛（羊）角椒类，三是甜椒类，四是加工品种类。泡椒是近20年来新育成的一类品种，由尖椒×甜椒育成，表现早熟或中早熟，丰产，前期结果集中，品质微辣，果面常凹凸不平，食味好，果呈粗牛角形或长灯笼形，各地多作早熟栽培。果重变幅较大，20世纪80年代一般为30～50克，90年代提高到50～60克，而近10年来，则进一步提高到100～200克甚至200克以上。一般情况下不太耐贮运，如果需要长途调运，则需相应的包装才行。由于耐高温、抗病毒能力稍差，所以一般不作越夏栽培。牛（羊）角椒类品种，一般是由同类品种中不同的优良自交系杂交育成的，也有系统育成的品种。这类品种一般抗病、抗逆性较强，多作为越夏或延秋栽培,有微辣的,也有特辣的,果重一般在30～150克。果呈粗细、长短不同的牛(羊)角形,整齐、美观、光亮、商品性好,是国内长途调运类品种。甜椒类品种果呈灯笼形,果重100～500克,多为3～4心室,果肉厚0.4～0.8厘米,味甜不辣。为忌辣地区主栽,耐热性较差,对病毒抗性较弱。长江流域露地栽培时,前期生长很好,一到6～7月,便感染病毒,无法再正常开花结果。保护地栽培控制病毒传播,表现也不错。在南方各省、直辖市栽培较少。加工类品种则较多样,由于加工方法和产品的不同,对品种的要求也很不一样。干制的要求皮薄、辣味浓、单果重较小,干制后颜色鲜红、光亮。制辣椒粉则要求红色素含量高、辣味浓香,罐装或软包装则最好是嫩果微辣,果较小且大小一致。

(一)泡椒类品种

湘研11号、湘研3号、中椒6号、碧玉椒、早杂2号、洛椒628、华椒8号、B特早、苏椒5号、赣椒1号、苏椒2号、巨果1号、华椒10号、镇研1号、翠丰、镇椒8号、墨玉大椒、泡椒3号。

(二)牛角椒类品种

湘研16号、茂椒4号、安椒16号、种都青椒王、9904、东方明珠、湘研10号、华椒19号(0103)、安椒15号、粤椒3号、洛椒7号、华椒18号、天骄2号、宁椒5号、椒优4号、寿光羊角椒、紫燕1号、湘研30号、长剑(F_1)、祥瑞(Cheery F_1)、椒龙、武吉尖椒、杭椒2号。

(三)甜椒、彩椒类品种

玛丽丝(F_1)、拜安卡(Bianca F_1)、白公主(Blondy F_1)、麦卡比、紫贵人、斯马特(HA-8023 F_1)、中椒3号、中椒5号、茄门、巨早85-1。

(四)干椒类品种

宛椒 6 号、红秀 8 号、淮椒 8 号、新汉城旭日红、天宇 3 号。

三、辣(甜)椒栽培技术

(一)长江流域春早熟栽培

1. 栽培季节　该茬辣椒主要就地供应 4～6 月市场,一般于 11～12 月播种,2～3 月定植,4～5 月开始采收。由于使用的都是泡椒品种,采收至 6 月底,植株易感病,果实也变小,商品性逐渐变差,至 7 月份基本清园,进行田间清理耕翻。

2. 品种选择　由于早熟栽培是越冬育苗,早春栽培,气温、土温较低,所以栽培品种必须较耐低温。同时越冬、早春季节都是在设施条件下生长发育,因此栽培品种应对弱光条件有较好的适应性,还应对病害有较强抗性。

早熟、中果、抗病性较强的品种有湘研 11 号、华椒 8 号、早杂 2 号、B 特早、苏椒 5 号、碧玉 1 号、赣椒 1 号;中早熟、大果、抗性较强的品种有湘研 3 号、中椒 6 号、洛椒 628、巨果 1 号、华椒 10 号、镇研 1 号、墨玉大椒;果色黄绿的品种有洛椒 98A、华椒 10 号等;小果尖椒有杭椒 2 号等。

3. 播种育苗　春季早熟设施栽培,一般于当地断霜前 40～50 天定植,加上 70～80 天的苗龄,所以播种期应在断霜前 110～120 天,长江流域大致在 11～12 月播种,2 月上中旬定植,加小拱棚、中棚或大棚覆盖保温护苗。

春季早熟栽培辣(甜)椒一般采用保温育苗和加温育苗。

(1)保温育苗　由于保温设施的种类不同,可分为冷床育苗和温室、塑料大棚育苗两类。

①冷床育苗:又叫阳畦育苗,是我国20世纪50~60年代的主要育苗形式。最早的冷床都是玻璃冷床,一般是东西延长,向南倾斜,斜面上盖玻璃采光取暖。东西长10~15米,南北宽1.5~1.6米。玻璃窗全长1.8~2米。北面筑土墙或砌砖墙,高60~70厘米;南面筑土埂,高15~20厘米。东西两侧筑山墙。玻璃窗上覆盖草帘,白天揭除,夜间盖上保温。北面后墙外设风障挡风防寒。20世纪60年代以后,逐步以塑料薄膜代替玻璃,现在大部分用塑料小拱棚代替冷床。塑料小拱棚制造方法简单,管理方便,一般先在地面做成宽1.5~1.8米、长10~15米南北向的畦,然后在畦上每隔50厘米左右插上拱形的小竹竿、竹片或钢筋。顶高60~80厘米,在顶部中央再绑上1根横杆,将所有小拱架连成一体,盖上塑料薄膜,薄膜上再拉上压膜线把薄膜固定在拱棚上,夜间盖上草帘防寒保温。

②温室和塑料大棚育苗:南方的塑料大棚一般长30~50米,宽6~8米。塑料大棚空间大,受光充足,保温好,操作管理方便。适于长江流域冬、春季育苗,在育苗实践中,常用塑料大棚和小拱棚配套,即在大棚中设置小拱棚。这种配套形式保温性能好,管理也方便,有利于提高育苗的效果。

(2)加温育苗　也叫温床育苗。是在床土下加温,土温较高,有利于培育壮苗。由于加热的形式不同,可分为酿热温床、电热温床、太阳能温床、热水管温床和火炕温床等。

①酿热温床:外形与单斜面的冷床一样,但在床底铺设酿热物,一般用牛(马)粪、稻草、秸秆、落叶等发热材料。酿热温床的热量受酿热物填充的厚度、酿热物种类、填充技术影响。酿热物一定要新鲜没有发酵过。温床制作时,一定要一边浇水,一边踩实,同时分2~3层填入,浇水量的多少以手捏指缝见水而不滴为准。一般填入酿热物的厚度为20~40厘米。酿热物上再填10~15厘米厚的培养土整平即可。

②电热温床：是利用电热加温线来加热的温床。制作方法是先将床面整平，顺床长铺设电热线，间距 10 厘米左右。使用电热线时，土温变化小而稳定，而且可以控制；土温高于气温，特别是在恶劣天气下秧苗不受影响，管理方便，节省劳力。培育的秧苗苗龄短，出苗快而整齐，根系发达，生长健壮，早熟高产。电热温床的土壤易干，特别是电热线附近，应注意浇水。

③太阳能温床：外形与酿热温床相似，但其两侧各设有 1 个排气窗，以及东、西、北三侧墙上均设有调气孔。太阳能温床较酿热温床用料省、成本低、床温稳定。

太阳能温床一般长 22 米、宽 2 米，床土挖去 40 厘米左右，床中间再挖长 1～2 米、深 1.3 米左右的集热池，池的东西两侧各挖 5 条输热道（回龙道），深、宽各 20 厘米，靠南北 2 条为进气口，与集热池相通；中间 1 条为出口，与排气窗连接，每条倾斜度为 5～6 厘米；排气窗设在东西两侧外 30 厘米处，高 1 米，下部内径 25 厘米，上部内径 15 厘米；东、西山墙各开 1 个 20 厘米×20 厘米的调气孔，北墙可均匀地开 7 个同样大小的调气孔。

床底挖好后中间集热池内填上草料、树叶，以利于吸热。两侧输热道上铺设 1 层秸秆，秸秆上再铺 15 厘米厚的烂草、杂叶、畜粪层，上面再铺 20 厘米厚的培养土。建好后覆盖密封，堵住调气孔进行预热，待温度达到 20℃以上时，即可播种育苗。出苗前一般不打开调气孔，出苗后根据天气变化、床内温度和湿度的高低及不同作物采取通风透光和增湿、保温等措施进行调节。当外界气温为 1℃～13℃时，床内仍能保持 14℃，且温度均匀稳定。

④热水管温床和火炕温床：这两种温床均需用燃料产生热能，送到床中去。热水管升高土温的装置一般包括热水炉、循环水泵和散热管，经过恒温器将热水恒温保持在 40℃～50℃。散热器埋在床土下，通过散热管扩散热量使土温升高。散热管的间距一般为 45 厘米左右。

火炕育苗具体做法是把床身抬高 70～80 厘米，床底用树枝做梁架，其上密铺小竹或芦苇帘,上铺一层稻草,再铺上培养土。育苗时在床底下用小缸盛木炭徐徐燃烧达到加温的效果。另有一种火炉加通道的方法进行加热,将热气送进输热道,使床土升温。

4. 嫁接育苗 嫁接育苗主要是预防土传病害。辣椒常见的土传病害有青枯病、根腐病、根结线虫病和疫病等。辣椒嫁接防病栽培就是用抗病的砧木根系代替栽培辣椒的,使栽培辣椒不接触土壤,以达到防病的目的。同时砧木的根系发达,吸收水、肥能力强,更耐低温,所以生长势强,可明显提高产量。

适合尖椒类品种嫁接的砧木有 PFR-K64、PFR-S64、LS279 等;适合甜椒类品种嫁接的有土佐绿 B。另外一些茄子嫁接用砧木也可用作辣椒砧木,如红茄(青茄)、托巴姆对黄萎病、青枯病、根结线虫病和根腐病的抗性也较其他砧木强,耐热耐寒能力也强。但对早熟性有负面影响。

嫁接的方法比较多,主要有劈接法、靠接法、插接法、贴接法、套管接法等几种。这里不再详细介绍。

5. 定植 一般整地做畦时,每 667 平方米施腐熟有机肥5 000 千克,复合肥 5 千克,尿素 10 千克。均匀撒入地中耕耙 2 次,再按 1.2～1.5 米开沟做成高畦,畦高 15～20 厘米。定植时每畦栽 2 行,宽行距 70～90 厘米,窄行距50～60 厘米,株距 25～30 厘米,每 667 平方米栽 3 500～4 500 株。泡椒植株开展度较小,可栽得稍密;而牛角椒则开展度较大,特别是中、晚熟品种,宜适当稀植。每 667 平方米栽苗数各地习惯不尽相同,多数栽 1 棵苗,也有的栽 2 棵苗、3 棵苗甚至多棵苗的。

苗床定植前 10～15 天,逐步进行低温炼苗。夜间适温可降至 10℃～12℃。定植前半个月,扣好塑料大棚,棚四周用土压实,以提高地温。选择晴天上午栽苗,定植时浇足底水,最好用堆肥等有机肥土壅根,这样可促进幼苗恢复生长。

6. 定植后的管理

(1)温、湿度管理　大棚内辣(甜)椒定植后5～6天密闭不通风，以维持棚温在30℃～35℃，夜间棚外四周用草帘覆盖保温防冻。采用多层覆盖(如小拱棚覆盖)的，白天应将小拱棚的薄膜揭开，晚上再盖严。温度超过35℃时，打开顶窗通小风，1周后新叶开始生长，这时应开始通风降温去湿，促进植株健壮生长，防止徒长。当棚内温度上升到30℃时就应通风降温，下午降到25℃时关闭风口。白天温度保持在25℃～30℃，夜间保持在15℃～18℃。当门椒花开时应增强通风，降低棚内湿度，将空气相对湿度控制在70%以下。80%以上的空气相对湿度和30℃以上的高温，植株往往徒长，节间伸长，叶片薄、颜色浅甚至发黄，花芽分化不好，蕾期就会出现花蕾黄化脱落现象。合理通风有利于保持棚内适宜的温度和湿度。植株生长矮壮，节间短，坐果多。

进入开花结果期，棚内白天气温要保持在20℃～25℃，夜间保持在15℃～17℃，空气相对湿度保持在50%～60%。因此，通风量要大，时间也要长些，小拱棚也要撤去。门椒坐住后立即进入结果期，此时的温度白天控制在25℃～30℃，夜间不低于5℃。当外界最适气温稳定在15℃以上时，夜间不关闭通风口。当气温高于25℃时，可将棚膜完全卷起来通风或将棚膜取下来。为了防止高温、强光和暴雨，可换上旧膜，加盖遮阳网，进行越夏栽培，降低病毒病的发生。

(2)肥水管理　早春大棚辣(甜)椒定植时，浇水不要太多，以免降低地温，影响返苗。浇过定植水后，直至门椒坐住一般不再浇水、不追肥。要及时中耕松土，提高地温，促进根系生长，要特别注意防止因水肥过度而引起徒长。定植后7～10天幼苗恢复生长时，可适当浇点水。随后进入蹲苗阶段，需勤中耕松土，苗期中耕宜浅，植株始花结果期宜深，以后的中耕也以浅为好，防止伤根。未盖地膜的全面中耕，盖了地膜的只中耕沟内，但膜下有草的要用手拔去,以免草长大顶膜,降低地膜覆盖的效果。

当棚内植株绝大部分门椒坐果、直径2～3厘米时,结束蹲苗,进入大量浇水追肥阶段。结合追肥浇催果水,每667平方米追施尿素20千克、氯化钾15千克或粪尿1000千克。还可结合防病喷施2%过磷酸钙或0.2%磷酸二氢钾溶液。进入盛果期需连续追施2～3次肥,并及时浇水,一般每7～10天浇1次水,以保持土壤湿润。切忌过干过湿,嫩果生长期间缺水严重时,会在果顶形成失水的大片灰褐斑,形似日灼病,实为缺水所致。

(3)搭架 对于无限生长型的辣(甜)椒,需搭架、绑枝。因为植株大量着果后,枝干承受不住果实重量,需设架支撑。可用稍粗架材每米插一木架,顶部与另一侧架材相连并用绳绑牢。然后在30～50厘米高处绑横材,将辣椒的结果枝均匀绑于横架材上,这样既可防植株倒伏,也可避免果压断枝条,同时田间管理和采收也较方便。横架可设2～3道,视植株高矮而定。棚架结实的也可进行吊蔓,吊蔓植株要和番茄一样进行较严格的整枝。

(4)植株调整 包括整枝、打杈、摘叶等。其目的是改善植株通风透光条件,减少养分消耗,提高产量,也有防病作用。整枝一般在门椒开花前后进行。对于生长势强的中、晚熟品种,常在开花前后将门椒以下侧枝全部除去,以免植株营养生长过旺而影响门椒、对椒的正常开花结果。生长中后期要疏去过密过细和见光度差的枝条,荫蔽在行间内部的枝条常不结果或结果极少,浪费养分和光合产物,应该打掉。植株下部的病叶、老叶、黄叶也应摘除。

(5)保花保果 为了获得高产,除通过栽培管理措施保花保果外,还可用植物生长调节剂处理。常用的有20～30毫克/千克的2,4-D或30～50毫克/千克番茄灵溶液蘸花,也可喷花,一般在四门斗前使用。药剂要随配随用,避免中午高温时使用。

7. 采收 适当提早采收门椒,以免影响后续结果。辣椒是以嫩果为主要产品,必须及时采收。一般在果实充分膨大、皮色转浓、果皮坚实而有光泽时采收，这样果实品质好且耐贮运。

（二）长江流域秋延后大棚栽培

1. 栽培季节　长江流域夏季高温，秋季气候凉爽，适于种植辣椒。冬季气温虽低，但可利用设施保温，延长辣椒的结果采收时期。本季辣椒产量虽不太高，但由于市场售价高，所以经济效益可观。

该茬辣椒以当地就近供应 10～12 月市场为主要目标。栽培季节一般于 7 月中下旬播种，8 月中下旬定植，9 月开花结果，10～12 月供应市场，与广东、广西辣椒基地争夺市场。

2. 品种选择　此季辣椒前期高温，后期低温，对品种的要求较高。高温时病毒易感染，因此要求栽培品种具有较强的耐热抗病毒能力；而中后期在大棚中多层覆盖，在低温下生长，所以又要求品种具有耐低温弱光能力。宜选择那些抗病、抗逆性强，生长势也较强的中熟和中晚熟品种，不宜选用早熟品种。前述介绍的品种中有茂椒 4 号、湘研 16 号、湘研 19 号、9904、华椒 19 号、华椒 18 号、辽椒 5 号、安椒 16 号、种都青椒王、东方明珠、粤椒 3 号、洛椒 7 号、湘研 30 号等，长江流域各地可就地选择品种。

3. 播种育苗　在大、中、小棚上覆盖旧薄膜和遮阳网，既遮荫降温又可防暴雨毁苗。按育苗要求，在棚内设置苗床，铺培养土播种育苗，将种子浸种消毒后，直接播于苗床上，因温度高出苗很快，只要保持土壤湿润即可。定植前少浇水，防止发生猝倒病，育苗期间要特别注意喷药灭蚜，以免幼苗被传染病毒。

4. 定植　由于气温较高，辣椒出苗快，生长也快，发育早，出苗 35～45 天便可定植。

定植前结合整地施基肥，一般按每 667 平方米施腐熟基肥 5 000千克，复合肥 50 千克，尿素 10 千克，将肥料均匀撒入地中。地整好后按 1.2 米开畦沟，做成高畦。每畦栽两行，宽行 70 厘米，窄行 50 厘米，株距 25～30 厘米，每 667 平方米栽 4 000 株左右。选阴天或晴天下午栽苗，定植时多带土，少伤根，栽前苗床浇水，栽后浇足定植水。有条件的可搭高 1 米左右的棚架，上盖遮阳网。7～10 天便可长出新叶，恢复生长。

5. 定植后的管理

(1)温、湿度管理　定植后前期应设法降温保湿，随着气温下降，日均气温为 15℃时，应及时扣棚，以保证植株冬季的正常生长。

(2)水分管理　定植 7 天后浇 1 次缓苗水，而后适当蹲苗，促进发根。随后的浇水，以保持土壤湿润为标准。随着气温的下降，逐渐减少浇水。

(3)肥料管理　由于辣椒生长前期气温较高，故氮肥的施用不能过多，避免植株徒长。营养生长期间可用人、畜粪尿追肥 1～2 次，采收门椒后应及时加大追肥。可随水追施农家肥或复合肥、尿素等。盛果期看苗追肥，每 667 平方米用复合肥 15～20 千克，采收前期进行 2～3 次叶面追肥，一般用 0.4%磷酸二氢钾或 0.2%尿素或多效丰产灵 1 000 倍液进行叶面追肥，对促进辣椒早熟、抗病丰产有显著效果。

其他管理措施参照早春栽培。

6. 采收　视市场价格和植株生长情况采收门椒和对椒。市场售价高、植株长势弱宜早采；反之则应迟采，以控制植株生长。此季辣椒 10～11 月采收几次后，后面挂的果应尽量延长采摘期，翌年元旦、春节期间售价好，此时采摘上市可提高效益。

此季栽培如果提早至 5 月份播种，接小麦、油菜、蚕豆茬地栽培，则变成越夏、秋延后栽培。如果品种选择得当，栽培条件好，也可获得较好收成，其产品刚好在 8～9 月上市，效益也不错。

(三)华南地区秋冬栽培

1. 栽培季节　华南地区辣椒有春、秋两季栽培,但以秋季栽培更为重要,因为春季栽培一般在1～2月播种,2～3月定植,4～6月供应当地市场。而秋季栽培则多于7～8月播种,8～9月定植,10月开始供应市场,11～12月大量上市,栽培管理好,可延续采收至翌年春节后,不但供应华南,还可供应全国各地。广东省湛江地区就是以生产外调辣椒为主。

由于华南冬季气温较高,多数年份辣椒植株可露地越冬,所以秋、冬栽培的辣椒如果加强中后期的管理,一直可采收至2～3月份。如果推迟至9月播种,则可将盛收期延到12月至翌年1月。

2. 品种选择　华南地区辣椒栽培品种应分为两类:一类是以供应本地大、中、小城市为主,其品种应选辣味较淡的品种,如粤椒3号、海椒3号、华椒18号、椒优4号和中椒5号甜椒等,要求果色深绿;另一类是外销型商品椒,各地市场对品种的要求不尽相同,种植时椒必须按外销地区的不同要求选择品种,可供选择的有茂椒4号、朝研9号、华椒19号、兴蔬205、长剑、9904等。

3. 栽培要点

(1)播种育苗　宜选择多年没种过茄科作物、排水良好的地块,每667平方米施充分腐熟的有机肥5 000千克和腐熟的稀粪尿2 000千克,均匀撒入土面,翻入土中做基肥,土地进行多次翻耕烤晒,整平后按1.2米开沟做畦,将畦面整平待播。

播种前将床土浇透水,待水渗入后即可播种,每667平方米用种约70克,分两次均匀撒在约25平方米的苗床上,第一次均匀撒1次,第二次补撒稀的地方,而后盖1厘米厚的土。如果不分苗,每667平方米需苗床约25平方米。如果用穴盘育苗,则需将种子浸泡消毒后置于25℃～30℃温度下进行催芽,待发芽后再播。播种后盖土约1厘米厚,置于穴盘架或苗床上。在湿度适宜时,催过芽的种子3~4天便可出苗,没催芽的经7~8天也可出苗。

苗床的管理主要是水肥管理和病虫防治。自始至终要保持床土湿润,不可干枯。幼苗出齐后适当控制浇水,促进根系生长,1周后视苗生长情况适当浇水。如果幼苗表现缺肥,则结合浇水追肥,用稀粪水和尿素对水浇均可。

(2)定植　华南地区秋季气温较高,幼苗生长快,一般出土后35~50天便可定植。要提前将地准备好。一般土地进行两耕两耙,并结合施基肥,每667平方米需施腐熟有机肥5 000千克、复合肥50千克、过磷酸钙30千克。土地先按5~10米开沟做成大厢,再在大厢上按1.3~1.5米开沟做成小畦,面上覆膜,按株距30厘米打孔栽苗,浇定根水后将孔用土压严即可。取苗前应将苗床浇水,待水渗入土中后才可取苗,取苗时尽量多带土,少伤根,以利于幼苗成活返苗。

(3)田间管理　辣椒的生育期长,又多次采收,需肥量很大,前期温度高生长快,应多次追肥,才能满足其对营养元素的需要。一般苗成活后数天即可开始追肥,每667平方米可追施腐熟稀粪水2 000千克或尿素10千克。在开花结果期应重施追肥,每667平方米可施优质腐熟有机肥500~1 000千克、复合肥30千克。结果盛期,每隔10~15天追肥1次,视植株生长状况酌量进行。

辣椒不耐渍水,土壤水分过多有碍根系生长,易发病,所以种植辣椒的田地除满足植株生长发育的需水量外,田间不可积水。多雨季节要注意清沟排水。植株定植恢复生长后,适当控制水分,促进根系生长,但不可过早控水,以免影响植株生长。开花结果期,供水要充足,保持土壤湿润,以满足结果和生长的需要。

华南地区秋、冬季节辣椒多发病毒病、炭疽病,有时还有线虫。虫害主要有蚜虫、茶黄螨、红蜘蛛等。以病毒病和茶黄螨为害最严重,要早防早治。防治方法参阅本书第七章。

应该注意的是,广州、深圳等地茄果类蔬菜越冬时,也有被冻死的时候，要做好防冻的准备。

(四)海南省辣椒越冬栽培

海南省地处北纬20°以南，属于海洋性显著的热带气候，全省年平均气温为23.9℃，南部达25℃以上，最冷月份(1月)17℃～20℃，最热月份(7月)平均气温27℃～29℃，除五指山区外，全年日平均气温稳定通过10℃，稳定通过15℃的日数为330～365天，全年皆为喜温蔬菜的活跃生长期。其气候大致分为旱季和雨季。10月至翌年4月为旱季，适宜各种蔬菜的生长发育；而5～9月为雨季，多台风、暴雨，温度也很高，除耐高温的豇豆等少数蔬菜外，绝大多数蔬菜雨季都很难种植。茄果类蔬菜只宜在旱季栽培。

1. 种植季节　一般9～12月均可播种。按当地栽培习惯，计划在元旦前上市的，播种期在9月中下旬；春节前上市的，在10～11月播种；如果作为大陆北调蔬菜生产，供应大中城市1～4月所需的，则宜在11～12月播种。一般出苗后80天左右开始采收，90天进入盛收期。

2. 品种选择　海南省蔬菜病虫害较严重，当地对辣椒消费较少，主要是销往大陆各大、中城市，要求品种耐贮运，抗性强，坐果力强，果实商品性好。主要栽培品种有宁椒5号、湘研3号、新丰5号等，南方各省育成的皖椒8号、湘研25号、广东早椒3号等也可选用。

3. 栽培要点

(1)育　苗

① 苗床准备：事先准备好的育苗床，必须深耕、烤晒、施足有机肥，然后充分翻、耙整细，做成畦宽1～1.2米、沟宽0.5米、高0.15米的高畦，畦面要求平整、土细，采用小拱棚加棚膜、遮阳网方式进行育苗，以减轻台风、暴雨危害。

②种子处理：播种前一天，为防种子带病毒，大多采用10％磷

酸三钠水溶液浸种10～15分钟，用清水洗净后再用50℃～55℃温水烫种，边烫边搅拌，同时不断加入热水。烫种15分钟后，再放在30℃温水中浸泡6小时，晾干后便可播种。

③播种：播种时先将苗床浇足底水，水渗下后撒种，再盖1厘米厚的细土，最后架设小拱棚，棚上覆膜和盖遮阳网。注意拱棚两侧不能盖严，以便于通风。但如果天气预报有台风、暴雨时，必须将小棚四周的薄膜用土压严，做到密不透风，以免大风将膜掀掉。并将棚周的排水沟清通，以防渍水淹苗，造成毁苗。

④苗床管理：由于播种时气温较高，播种后主要是防止高温烤苗，保证白天床内温度在26℃左右，4～7天便可出苗。出苗前后的管理工作主要是早、中、晚揭盖覆盖物，检查出苗情况，平时小拱棚两头敞开，因为9～10月份三亚地区最低气温也在25℃左右，中午太阳光过强时要盖遮阳网。由于气温较高，水分易蒸发，所以每隔1～2天要给苗床浇水。

苗床的虫害为蚜虫和茶黄螨，病害有猝倒病、立枯病等，须及时进行防治。

⑤间苗、除草、炼苗：当幼苗3～4片真叶时，及时除去弱苗、徒长苗和杂草，同时加大通风量，加强炼苗。幼苗长到7～8片真叶即可定植。定植前喷施1次叶面肥，打1次药。

(2)定　植

①整地：种植辣椒的土地最好选用排灌条件较好的水稻田，这样病害较轻。每667平方米施有机肥2 000～3 000千克，饼肥100～150千克，复合肥40千克，过磷酸钙40千克，耕地前撒入田中，通过多次耕耙，使肥料均匀混入土中。地整平后，先按田形开几条大排水沟，沟深0.3米、宽0.4米，再开围沟。然后垂直于大排水沟做定植的小畦。一般畦宽1.2米(其中畦面宽0.8米)，沟距0.4米，畦高0.15～0.2米。有的种植户在做畦前，在未定型的畦面上撒些复合肥后再整平畦面，此法对促进苗期生长有利，但施

肥量不可过多，以防止烧苗。

②定植：取苗前先将苗床浇透水，以便于幼苗带土。取苗时要尽量少伤根。可用竹片带土取苗，边取苗，边定植。田间定植的株行距为30厘米×50厘米，定植覆土后浇足定根水。

(3)田间管理

①水分：定植5～7天后，幼苗有新根长出，此时幼苗已成活，水分宜见干见湿为主。一般在门椒坐住前以浇水为主；门椒坐住后，可在下午进行沟灌。植株封行前，土壤水分蒸发量较大，要做到小水勤灌；封行以后土壤水分蒸发量减小，植株根系发达，吸收能力增强，灌水次数可减少，但要灌得透一些，让水在沟中停留时间长一些，使水慢慢渗入畦土中，但时间不可太长，以免畦土闭气伤根。浇水还可结合追肥和灌药进行。

②追肥：辣椒追肥一定要根据生育期生长特点进行，当地椒农的经验如下。

第一，轻施苗肥。辣椒成活至开花前，施肥的主要作用在于促进定植苗的前期生长，为开花结果打好基础，此时以施少量复合肥为主，每667平方米用量为复合肥5～10千克＋尿素5千克，结合浇水进行，每隔7～10天追施1次。

第二，重施果肥。植株普遍坐果后，是整个生长期需肥量最大的时期，应采用打穴埋肥的方式，施用优质三元复合肥为主，增施少量钾肥。每667平方米施三元复合肥25千克＋钾肥10千克＋硼肥2千克。采收2～3次后再追施1次，视植株长势确定需不需要增施尿素。施肥前后土壤水分不能过大，若过大则容易烧伤根系，引起落花、落果和落叶。追肥3～5天后可灌水，但不能超过埋肥的高度。

第三，补施尾肥。根据植株生长状况以及辣椒的市场行情，在采果后期补施氮肥，每667平方米可用尿素10千克于灌水后撒施于畦沟侧面，以避免植株早衰。

③中耕、除草与培土:露地栽培辣椒,由于浇水、降水、施肥等因素,易造成土壤板结,墒情被破坏,应及时中耕培土。第一次中耕宜浅,第二次可稍深,以后都只能浅中耕,以免损伤根群。由于植株结果后易倒伏,所以要注意培土,尽量从沟中取些土,将植株基部培上。中耕、除草、培土同时进行。待草死后追肥、灌水有利于辣椒生长。如辣椒的管理措施到位,则植株生长健壮,抗性较强,病害相对较少,用药次数也可减少,不仅可降低成本,而且可提高产量和品质。

④病虫害防治:海南省露地栽培的辣椒虫害主要有蚜虫、蓟马、烟青虫和茶黄螨,病害主要有青枯病、枯萎病、立枯病、猝倒病、疫病和炭疽病,均应及时防治,其方法参见本书第七章。

(4)采收　辣椒以嫩果供食,有了一定大小即可采收上市。但如果作为长途运输的辣椒果实,必须达到青熟期、果肉增厚、果实变硬且具光泽时再采收。市场售价好时,应及时采收上市;行情不好时,也可留在植株上等一等。此时田间管理正常。

四、辣椒的采收及采后处理

(一)辣椒的采收技术

1. 采收前田间管理　采收前5～7天田间停止灌水。采前10～15天选择晴朗天气喷洒杀菌剂,如甲基托布津、代森锰锌、克菌丹、抗病毒1号等,以防止果实含水过多而易感病、腐烂。

2. 采收时间　夏天宜在晴天气温较低的早晨或傍晚进行,雨天、雾天、烈日暴晒等天气条件下不宜采摘。秋延栽培贮藏用的辣椒应在霜冻前2～3天采收完。以青椒出售的,应在果实充分膨大、果实由绿逐渐变成深绿、果肉厚而坚硬、果面有光泽时及时采收。以红椒或彩椒供应市场的,应在果实刚刚转色完全时及时采收，以防止果实变软而影响品质。

3. 采摘技术　采摘辣椒时要轻摘轻放。操作时动作要轻，尽量减少枝条损伤。根据植株长势适度采收：植株较弱时宜重采，摘完可采的果，以促进植株生长；植株生长过旺或徒长时，只能适度采掉一些果实，如全部采完植株会生长更旺，不易着果。如发现有成熟果、虫果、病残果应及时采摘。

4. 采后处理　刚采收的辣椒含有较多的水分和热气，应进行充分的预冷处理，才能包装。可将辣椒平铺在通风、阴凉的干净地方自然散热或强制通风制冷。经过预冷处理的辣椒便可进行分级包装。按果实的大小、商品性好坏分成 2～3 级，剔除畸形果、病果和虫果。

(二)产品质量检测

辣椒产品质量检测主要是感官鉴定，检测项目见表 11。

表 11　茄果类蔬菜感官要求

项　目	品　质	规　格	限　度
品种成熟度	同一品种果实已充分发育，种子已形成（番茄、辣椒）；果实已充分发育，种子未完全形成（茄子）	规格用整齐度表示，同规格的样品其整齐度应≥90%	每批样品中不符合感官要求的，按质量计总不合格率不得超过 5%
果　形	只允许有轻微的不规则并不影响果实的外观		
新鲜度	果实有光泽、硬实、不萎蔫		
果面清洁	果实表面不附有污物或其他外来物		
腐　烂	无		

续表 11

项 目	品 质	规 格	限 度
异 味	无		
灼 伤	无		
裂 果	无(指番茄)		
冻 果	无		
病 果	无		
虫害果	无		
机械伤果	无		

(三)辣椒的贮藏保鲜技术

1. 贮藏适宜温、湿度 辣椒果实的贮藏适温为9℃～12℃,冷害温度为9℃,高于13℃时又会加快成熟衰老和腐烂。在贮藏过程中温度宁低勿高,注意抑制果实呼吸强度,以延缓后熟。贮藏环境中的相对空气湿度为85%～90%。由于辣椒极易失水,若湿度过低,将会引起果实失水、萎蔫。因此,采用塑料密封包装袋可以很好地防止辣椒失水。但辣椒对水分十分敏感,辣椒本身含水量大,薄膜密封包装后会出现结露现象而利于病害的发生,增加辣椒的腐烂度。故辣椒在装袋前应及时、彻底预冷,预冷温度以8.5℃～9℃为宜,时间为24～36小时。另一方面应选择透湿性大的塑料薄膜包装辣椒,且保鲜袋扎口不宜过紧,以防止出现结露现象。

2. 贮藏环境中的气体成分 辣椒气调贮藏适宜的气体指标一般为氧气2%～7%,二氧化碳1%～2%。包装物内过高的二氧化碳积累会造成伤害,导致萼片褐变和果实腐烂。现在多用专用的辣椒保鲜袋,利用辣椒的呼吸作用进行自发的气调,可明显抑制后熟变化，抑制果实的呼吸强度，达到果实保鲜和保绿，并保持果实水分；同时有利于熏蒸防腐剂的使用，减少果实腐烂。

此外，辣椒贮藏必须做好防腐处理。防腐的处理分为两个阶段：一是在采收前10～15天田间喷施杀菌剂处理；二是采后入贮至出库整个贮藏期采用防腐剂进行处理，防腐部位主要集中在果梗和果实受伤部位。防腐剂应做到安全、有效。

3. 几种简易的辣椒贮藏保鲜技术

(1)*沙藏法*　可利用箱或筐等容器进行沙藏。其做法：先在底部铺一层3厘米厚的细沙，然后将选好的辣椒装入箱(筐)中，摆一层辣椒撒一层泥沙将辣椒盖住，直至离箱口5～7厘米处，在上面盖约6厘米厚的细沙密封即可。贮藏数量根据容器大小确定。也可在室内地面上用砖围一块地方，地上铺一层干沙，将鲜椒柄朝上摆放好，一层干沙一层辣椒逐层堆码，最后一层盖上6～7厘米厚的干沙密封。保持一定的水分有利于降低果实的失水率，提高贮藏效果。

(2)*草木灰贮藏法*　草木灰贮藏与沙藏方法类似。选用的草木灰要新鲜、无泥土，经过冷却湿润，湿润的程度以手捏有潮湿感为佳。用筐、篓子或箱子等做贮藏工具，在容器底部铺一层7厘米厚并过筛的干草木灰，然后一层辣椒一层草木灰(同一层辣椒之间也要用干草木灰隔开，以防止传染腐烂病)铺好，最后一层辣椒上面覆盖7厘米厚的干草木灰。椒垛周围覆盖20～40厘米厚的草木灰，加盖草包或麻袋。将筐(箱、篓)放入室内阴凉处贮藏，勿翻动，食用时用一层扒一层，这样可贮藏至立春前后。

用草木灰贮藏新鲜辣椒，成本低，操作简便。贮藏后草木灰仍可作为肥料，不影响肥效。应用此法可贮藏辣椒3个月左右。

(3)*缸藏法*　辣椒贮藏量较少时，可采用缸贮法。贮前先将缸内外洗净，用0.5%～1%漂白粉溶液将缸消毒。缸底可垫1个秸秆帘子，将经药物消毒的辣椒果柄向上摆在缸内，一层辣椒一层沙码放,沙的厚度以看不到辣椒为准,可一直摆至缸口处。也可不用沙子,直接将辣椒垛叠在一起,大缸装 1/2,小缸装 2/3,装好后缸口用两层牛皮纸或塑料薄膜封严,使辣椒保持较高的湿度,将缸放在阴凉处。贮藏中每隔 5～10 天揭开封口 10～15 分钟,以降低湿气。天气转冷时,缸口和缸周围应加盖草苫。缸贮辣椒在 0℃条件下可贮藏 2 个月左右,好果率达 90%以上。

(4)松针贮藏　先在缸底铺一层 10 厘米厚的松针,然后铺一层辣椒,以一个辣椒的厚度为宜,再铺一层沙,依次摆放。在最上面一层辣椒上铺一层较厚的松针,盖上缸盖,不封死,可保鲜 2～3 个月。

(5)窖藏法　选择地势较高的地块挖窖,窖深一般为 1～1.5 米,大小根据贮藏量决定。窖坑挖好后晾几天再用。长窖除了要设计窖门外,隔 1～1.5 米远还应插一块带孔的粗为 15 厘米左右的瓦片或竹管做气眼。窖底铺上秸秆或干沙。窖藏包装的方法主要有以下几种:①将辣椒装入衬有牛皮纸的筐中。筐口用牛皮纸封严,堆码在窖内,入窖初期 5 天倒 1 次,以后 6～10 天倒 1 次,倒辣椒要注意轻拿轻放。②筐内衬用 0.5%漂白粉消过毒的蒲包,将青椒装入蒲包堆码成垛。每隔 5～7 天换 1 次蒲包。如果湿度较高,可将湿蒲包装在筐外。③将青椒装入筐中,外罩塑料薄膜。④将辣椒散堆在窖底,堆放厚度以 60～70 厘米为宜,不得超过 1 米。辣椒临时贮藏中常用此方法。

窖内温度控制在 6℃～8℃,防止辣椒过度失水。贮藏初期白天盖好窖口,夜间通风以散热降温,以后逐渐缩短通风时间;贮藏中后期当窖温下降到 7℃～10℃时,要注意防寒保温。气温较低时,可在辣椒上加盖草帘等。窖藏法辣椒贮藏期一般可达 3 个月。

(6)沟藏法　选地势干燥的场地,东西向延长挖贮藏沟,沟宽 1 米、长度根据贮藏数量决定、沟深 1～2 米,以超过当地最大冻土层为宜。沟底铺一层沙子或垫一层秸秆,将辣椒轻轻摆到沟里,一层辣椒一层沙子(或稻壳)层积起来,层积厚度不超过 60 厘米。沟上覆盖草帘子，并随温度下降逐渐增加覆盖物。也可将辣椒装筐贮藏，筐高 40～50 厘米，筐上盖一层木屑。贮藏期间分 2～3 次在筐上覆盖木屑或稻壳等轻质防寒物，以保证果堆内的温度不低于 6℃、不高于 9℃。贮藏期间严防漏水，初期每隔 7～8 天检查倒动 1 次，拣出烂果。检查 2～3 次后每隔 15 天倒 1 次。此种方法可贮藏辣椒 2 个月。

(7)气调贮藏法

①自然降氧法：将辣椒放入薄膜帐内密封后，氧气压通过辣椒果实的呼吸作用自行调节，而不需要人工控制。氧气压降至 8%(不低于 3%)，二氧化碳控制在 6%以下。

②透帐法：每隔 2～5 天透帐 1 次，每次 10～15 分钟。注意帐内辣椒的变化，严防由于透帐间隔天数过长而引起无氧呼吸。气调时氧气控制在 3%～6%，二氧化碳不超过 6%。

③透气膜小袋包装贮藏法：这种塑料膜袋能透过一定量的氧气和二氧化碳。袋的规格为 30 厘米×40 厘米，每袋可装 1～1.5 千克。直接将辣椒装入袋中，扎紧袋口即可。

气调贮藏是目前贮藏效果较理想的贮藏方法。利用气调贮藏辣椒，温、湿度可按需调控，虽然成本较高，但贮藏效果好，可大大延长贮藏期。经过气调贮藏，辣椒商品率仍达 90%以上。

思考题

1. 辣椒开花结果最适宜的温度是多少？

2. 辣椒根的特点如何？怎样根据根的特点合理育苗和栽培管理？

3. 辣椒生育过程中需要哪些营养元素？生产 5 000 千克果需要多少“三要素”？

4. 辣椒的壮苗标准是什么？

5. 如何防治辣椒落花落果？

第七章　茄果类蔬菜病虫害防治技术

一、病害的识别及防治

(一)番茄灰霉病(真菌)

1. 症状　番茄花、果、叶、茎均可发病。果实染病,青果受害重。残留的柱头或花瓣多先被侵染,后向果实或果柄扩展,致使果皮呈灰白色,并生有厚厚的灰色霉层,呈水腐状。叶片发病多从叶尖开始,沿支脉间成"V"字形向内扩展,初呈水浸状,展开后为黄褐色,边缘有深浅相间的纹状线。病、健组织界限分明。茎染病时开始呈水渍状小点,后扩展为长圆形或条状病斑,浅褐色。湿度大时,病斑表面生灰色霉层,严重时致病部以上枯死。

2. 化学防治　重点抓住移栽前、开花期和果实膨大期三个关键时期用药。①淋苗药。移栽前用50%速克灵可湿性粉剂1 500～2 000倍液,或50%扑海因可湿性粉剂1 500倍液喷淋幼苗。②蘸花药。定植后结合蘸花施药,即在2,4-D或防落素稀释液中加入0.1%的50%扑海因可湿性粉剂,50%多菌灵可湿性粉剂,或0.2%～0.3%的25%甲霜灵可湿性粉剂进行蘸花或涂抹。用保果灵1号可湿性粉剂效果良好,即每克对热水0.5升充分搅拌,冷却后蘸花。③催果药。在浇催果水前或初发病时施药,可用50%速克灵可湿性粉剂2 000倍液或50%扑海因可湿性粉剂1 500倍液,60%防霉宝超微粉剂600倍液,2%武夷霉素水剂150倍液,50%农利灵可湿性粉剂1 500倍液,40%施佳乐悬浮剂800倍液等喷雾。烟雾施药可选用10%速克灵烟剂或45%百菌清烟剂,每

667 平方米每次 250 克。或每 667 平方米每次 3%噻菌灵烟剂 250 克。粉尘施药可选用 5%百菌清粉尘剂，每 667 平方米每次施 15 千克，用丰收 5 型或丰收 10 型喷粉器喷粉，每 7～10 天喷施 1 次，连喷施 2～3 次。

(二)番茄晚疫病(真菌)

1. 症状　幼苗、成株均可发病。该病危害叶、茎、果，以成株期的叶片和青果受害较重。幼苗感病出现暗绿色水渍状病斑，由叶片向主茎发展，使叶柄和茎变细呈黑褐色而腐烂折倒，全株萎蔫。湿度大时，病部产生白色霉层。幼茎基部发病，形成水渍状缢缩，幼苗萎蔫或倒伏。成株期叶片染病多从下部叶片开始，形成暗绿色水渍状边缘不明显的病斑，扩大后呈褐色。湿度大时，叶背病、健交界处出现白霉，干燥时病部干枯、脆而易破。茎部病斑最初呈黑色凹陷，后变黑褐腐烂，易引起主茎病部以上枝叶萎蔫。青果染病，病斑呈油渍状暗绿色，后变黑褐色，稍凹陷，病部较硬，边缘呈明显的云纹状，湿度大时生长白霉，迅速腐烂。

2. 化学防治　发现中心病株后及时施药效果良好。①喷药。可选用 72%霜脲锰锌(杜邦克露)可湿性粉剂 800 倍液，60%安克锰锌可湿性粉剂 1 500 倍液，25%雷多米尔可湿性粉剂 800 倍液，72%普力克(霜霉威)水剂 600 倍液，40%疫霉灵可湿性粉剂 250 倍液，58%甲霜灵锰锌可湿性粉剂 500 倍液，64%杀毒矾可湿性粉剂 500 倍液，10%科佳悬浮剂 2 000 倍液喷雾。②施粉尘。每 667 平方米每次可选用 5%霜脲锰锌粉剂 0.067 千克或 5%百菌清粉尘剂 1 千克，于傍晚棚室封棚前施药，过夜即可。每 7～8 天喷 1 次，连续喷 3～4 次。③施烟雾。每 667 平方米每次可用 45%百菌清烟剂 0.25 千克在傍晚封闭棚室施药。④灌根。每株可灌 50%甲霜铜可湿性粉剂 600 倍液或 60%琥·乙磷铝可湿性粉剂 400 倍液 300 毫升左右。

(三)番茄叶霉病(真菌)

1. 症状 主要危害叶片,严重时也危害茎、果、花。叶片被害时,叶背面出现不规则或椭圆形的淡黄色或淡绿色的褪绿斑,初生白色霉层,后变成灰褐色或黑褐色绒状霉层;叶片正面淡黄色,边缘不明显,严重时病叶干枯卷曲而死亡。病株下部叶片先发病,逐渐向上部叶片蔓延,严重时可引起全株叶片卷曲。果实染病,从蒂部向四周扩展,果面形成不规则形的黑色斑块,硬化凹陷。

2. 化学防治 ①喷雾。初发病时及时摘除病叶,喷洒药液全面防治,要注意喷到叶背面。可选喷2%武夷霉素(BO-10)水剂150倍液,40%福星乳油6 000～8 000倍液,50%扑海因可湿性粉剂1 500倍液,60%防霉宝超微粉剂600倍液,70%甲基托布津可湿性粉剂800～1 000倍液,47%加瑞农可湿性粉剂600～800倍液,每7～8天喷1次,连喷2～3次。②傍晚时喷撒粉尘剂或释放烟雾剂防治,常用的有5%加瑞农粉尘剂、5%百菌清粉尘剂、7%叶面净粉尘剂、10%敌托粉尘剂等,每667平方米每次喷1千克,7～8天喷1次。或每667平方米每次燃放45%百菌清烟剂0.18～0.3千克。

(四)番茄早疫病(真菌)

1. 症状 苗期发病,幼苗的茎基部生暗褐色病斑、稍凹陷、有轮纹。成株期叶片发病,初呈水渍状暗绿色病斑,扩大后呈圆形或不规则形的轮纹斑,边缘多具浅绿色或黄色晕环,中部具同心轮纹,潮湿时病斑上长出黑色霉层。病叶一般由植株下部向上发展,严重时叶片脱落。茎部病斑多着生在分枝处及叶柄基部,呈褐色至深褐色的不规则圆形或椭圆形病斑、凹陷,有时龟裂,严重时造成断枝。青果染病,始于花萼附近,初为褐色或黑色的椭圆形或不规则形病斑、凹陷,后期果实开裂。病部较硬,密生黑色霉层。

2. 化学防治　发病初期喷撒5%百菌清粉尘剂，每667平方米每次喷1千克，每9天喷1次，连喷3～4次。也可用45%百菌清烟剂或10%速克灵烟剂熏烟。发病初期，还可选用50%农利灵可湿性粉剂或50%扑海因可湿性粉剂1 000倍液，75%百菌清可湿性粉剂600倍液，64%杀毒矾可湿性粉剂500倍液，58%甲霜灵可湿性粉剂500倍液等喷雾。

(五)番茄青枯病(细菌)

1. 症状　由细菌引起的维管束病害。病株中午萎蔫，傍晚恢复，2～3天后枯死，植株仍为青色，可见维管束变黑褐色，髓部变褐色腐烂，用手挤压有白色细菌黏液溢出。高温、高湿利于发病。

2. 化学防治　发病初期用150～200毫克/千克农用链霉素或77%可杀得可湿性粉剂500倍液，12%绿乳铜乳油500倍液灌根，每株喷300毫升。每10天灌1次，共灌2～3次。

(六)番茄枯萎病(真菌)

1. 症状　番茄枯萎病是一种维管束病害，开花结果期始发。发病初期下部叶片发黄、继而变褐色、干枯，但枯叶不脱落，仍连在茎上。有时这种症状仅表现在茎的一侧，该侧叶片发黄，变褐后枯死，而另一侧茎上的叶片仍表现正常。有的半个叶序变黄，或一片叶上半边发黄半边正常。也有的从植株距地面近的叶序始发，逐渐向上蔓延，除顶端数片完好外，其余均枯死。剖开病茎，维管束变褐。湿度大时，病部产生粉红色霉层(即病菌的分生孢子梗和分生孢子)。本病的病程进展较慢，一般15～30天才枯死，无乳白色黏液流出，以此有别于青枯病。

2. 化学防治　发病初期选用50%多菌灵可湿性粉剂或36%甲基硫菌灵悬浮剂500倍液，70%甲基托布津可湿性粉剂700倍液，75%百菌清可湿性粉剂800倍液，40%瓜枯宁可湿性粉剂800

倍液,10%双效灵水剂或12.5%增效多菌灵可溶剂200倍液灌根,每株灌药液200毫升,隔7～10天灌1次,连续灌3～4次。

(七)番茄溃疡病(细菌)

1. 症状 番茄幼苗至结果期均可发生溃疡病。幼苗染病始于叶缘,由下部向上逐渐萎蔫,有的在胚轴或叶柄处产生溃疡状凹陷条斑,致病株矮化或枯死。成株染病,病菌在韧皮部及髓部迅速扩展,发病初期下部叶片萎蔫下垂,似缺水状,一侧或部分小叶凋萎;茎内部变褐,并向上、下扩展,长度可由一节扩展到几节,后期产生长短不一的空腔,最后下陷或开裂,茎略变粗,生出许多不定根。多雨或湿度大时,菌脓从病茎或叶柄中溢出或附在其上,形成白色污状物,后期茎内变褐以至中空,最后全株枯死,上部顶叶青枯状。果柄受害多由茎扩展进去,其韧皮部及髓部出现褐色腐烂,一直可伸延到果内,致幼果皱缩、滞育、畸形和种子带菌。有时引起局部侵染,萼片表面产生坏死斑,果面可见略隆起的白色圆点,单个病斑直径3毫米左右,中央为褐色木栓化突起,称为"鸟眼斑",有时连在一起形成不定形的病区。"鸟眼斑"是病果的一种特异性症状,由再侵染引起,不一定与茎部系统侵染同发生于一株。

2. 化学防治 发现病株及时拔除,全田喷洒药液。可选用20%龙克菌悬浮剂500倍液,77%可杀得可湿性微粒粉剂500倍液,14%络氨铜水剂300倍液,12%绿乳铜乳油500倍液,47%加瑞农可湿性粉剂600倍液,1∶1∶200波尔多液,50%琥胶肥酸铜可湿性粉剂500倍液,60%琥·乙磷铝(DTM)可湿性粉剂500倍液,72%农用硫酸链霉素可溶性粉剂4 000倍液喷雾。

(八)番茄病毒病

1. 症状 该病由蚜虫传毒引起。番茄病毒病主要有3种类型:①花叶型。叶片上出现黄绿相间或深浅相间的斑驳,叶脉透明，叶片略有皱缩，病株略矮，新叶小，结果小，果实表面质劣，多呈花脸状。②蕨叶型。由上部叶片开始全部或部分变成条状，中、下部叶片向上微卷。花瓣增大，形成“巨花”。植株不同程度矮化。③条斑型。主要表现在果实和茎上，叶片上出现茶褐色斑点或花叶，背部叶脉紫色；茎上出现暗绿色至黑褐色的下陷油渍状坏死条斑，病茎质脆，易折断；果实上多形成不同形状的褐色斑块，但变色部分仅在表层组织，不深入到茎和果肉内部，随着果实发育，病部凹陷而成为畸形僵果。

2. 化学防治　可喷洒10%吡虫啉（蚜虱净、大功臣等）可湿性粉剂2 000～2 500倍液或0.4%杀蚜素水剂200～400倍液，减少蚜虫传毒机会。

3. 生物制剂防治　在番茄分苗、定植、绑蔓、打杈前先喷1%肥皂水加0.2%～0.4%磷酸二氢钾或2.5%～5%豆浆或豆奶粉，预防接触传染。在定植前后各喷1次NS-83增抗剂100倍液，能增强番茄耐病性，又可提高产量。还可用20%病毒A可湿性粉剂500倍液防治。

（九）番茄根结线虫病

1. 症状　主要发生在根部的须根或侧根上。病部产生肥大畸形瘤状结，解剖根结有很小的乳白色线虫。一般在根结之上可生出细弱新根，再度染病，则形成根结状肿瘤。

2. 药剂处理　在播种或定植时，每667平方米穴施10%力满库颗粒剂5千克或5%力满库颗粒剂10千克。

（十）番茄脐腐病（生理病）

1. 症状　因水分供应失调和缺钙、缺硼引起的生理性病害。初始在幼果脐部先出现水渍状暗绿色，后逐渐扩大成圆形凹陷，并逐渐变褐变黑。黑色斑块圆形，质硬。一般从第一、第二果穗开始发生。若遇潮湿环境,病果上有时有霉菌腐生,常易与霉病和菌核病相混淆。如果植株无病叶,病果的病、健交界明显,则为脐腐病;若病、健交界处有轮纹状黑霉或病、健交界不明显,且质较软,植株上有明显的病叶,应考虑为病害所致。可将病果保湿培养,若病斑上长出灰霉或白色菌丝,则为灰霉病或菌核病所致。

2. 防治方法 ①畦面用地膜覆盖,保持土壤水分相对稳定,可减少土壤中的钙、硼的流失。②适量及时灌水,尤其是结果期更应该注意水分均衡供应。灌水宜在 9～12 时进行。③选用抗病品种,一般高圆品种比扁圆品种抗性强。④根外追抗病品种,番茄着果后一个月内是吸收钙的关键时期。可喷洒 1%过磷酸钙溶液,或0.5%氯化钙加 5 毫克/千克萘乙酸,0.1%硝酸钙及爱多收6 000倍液,从初花时开始喷洒,隔 15 天喷 1 次,连续喷 2 次。⑤使用遮阳网覆盖。

(十一)辣椒疫病(真菌)

1. 症状 苗期、成株期均可发生。苗期发病,主要危害根茎,使根茎组织腐烂,病部缢缩,幼苗倒伏,引起湿腐、枯萎死亡。定植后叶片染病,病斑圆形或近圆形、呈暗绿色、水渍状。

2. 化学防治 定植后可喷 80%代森锰锌可湿性粉剂 600 倍液加以保护,15 天喷 1 次。发病初期可选用 40%病霉灵可湿性粉剂 250 倍液或 58%甲霜灵锰锌可湿性粉剂 500 倍液,64%杀毒矾可湿性粉剂 500 倍液,72%霜脲锰锌(杜邦克露)可湿性粉剂 800 倍液,60%安克锰锌可湿性粉剂 1 500 倍液,58%雷多米尔可湿性粉剂 800 倍液,75%百菌清可湿性粉剂 600 倍液喷雾,7～10 天喷 1 次,连续喷 2～3 次。每 667 平方米棚室中每次还可用 45%百菌清烟剂 0.25 千克熏烟,或用 5%百菌清粉尘剂 1 千克喷撒,每 9 天左右防治 1 次,连续防治 2～3 次。

(十二)辣椒炭疽病(真菌)

1. 症状　叶片染病,初为褪绿、水渍状斑点,逐渐变为褐色,中间淡灰色,病斑上轮生小黑点。果柄有时受害,生褐色凹陷斑,且不规则,干燥时干裂。果实被害,初现黄褐色水渍状圆斑或不规则斑,斑面有隆起的同心轮纹,并有许多黑色小点。潮湿时病斑表面溢出红色黏稠物。果实上的病斑易干缩呈膜状,有的破裂。

2. 化学防治　发病初期可喷洒 70%甲基托布津可湿性粉剂 600～800 倍液或 80%代森锰锌可湿性粉剂 500 倍和 75%百菌清可湿性粉剂 800 倍混合液,或选用 50%炭疽福美可湿性粉剂 300～400 倍液,1∶1∶200 倍的波尔多液,每隔 7～10 天喷 1 次,共喷 2～3 次。

(十三)辣椒灰霉病(真菌)

1. 症状　苗期、成株期均可发病。幼苗染病,子叶先端枯死,后扩展到幼茎。幼茎缢缩变细,易从病部折断枯死。发病重的幼苗成片死亡,严重的造成毁棚。真叶染病出现半圆至近圆形的淡褐色轮纹斑,后期叶片或茎部均可长出灰霉,致使病部腐烂。成株染病,叶缘处先形成水渍状大斑,后变褐,形成椭圆或近圆形的浅黄色轮纹斑,密布灰色霉层。严重的致大斑连片,整叶干枯。果实染病,幼果果蒂周围局部先产生水渍状褐色病斑,扩大后呈暗褐色,凹陷腐烂,表面产生不规则的轮纹状灰色霉状物。

2. 化学防治　参照番茄灰霉病的防治。

(十四)辣椒病毒病

1. 症状　主要有两种类型:①花叶坏死型。由烟草花叶病毒引起,病叶出现不规则褪绿、深绿与淡绿相间的花叶症,有的叶上出现褐色坏死斑,自叶片主脉沿茎部出现黑褐色坏死条斑,造成落叶、落花和落果,以致整株死亡。②叶片畸形丛生。由黄瓜花叶病毒侵染引起植株变形,表现为病叶增厚、变小或呈蕨叶状;叶脉褪绿,皱缩,凹凸不平、呈线状;茎节间缩短,植株矮化,枝叶呈丛簇状;病果呈现花斑或坏死斑,畸形、易脱落。

2. 防治方法 发病初期可用1.8%爱多收水剂6 000倍液或0.004%云大-120水剂1 500倍液进行叶面喷施,提高植株自身抗病能力。常用药剂有20%病毒A可湿性粉剂500倍液,1.5%植病灵800倍液。在定植前10天、定植缓苗后及盛果期各喷1次0.1%硫酸锌溶液,也有一定的防病效果。以上药剂可交替使用。发病初期应及时拔除病株,并在田外销毁。

(十五)茄子灰霉病(真菌)

1. 症状 茄子叶、茎、果均可受害,以果实发病最重。成株期叶片发病,由叶缘向内呈"V"字形扩展。病斑初呈水渍状、边缘不规则,后呈浅褐色至黄褐色。染病的花瓣、花蕊等落到叶面或枝杈上,可形成圆形或梭形病斑。病斑上有浅轮纹。病叶干枯后,高湿度下可产生灰褐色霉层。病枝易折断,也可形成霉层。果实发病,多在结果期危害门茄,在幼果顶部或蒂部附近形成指肚大小的褐色水渍状病斑。病部凹陷、腐烂、暗褐色,表面生黑色霉层。叶上病斑形状和番茄上的相似。

2. 防治方法 参照番茄灰霉病的防治。

(十六)茄子绵疫病(真菌)

1. 症状 从苗期至成株期均可发病。该病主要危害果实。果实受害以下部老果为多。发病初期出现水渍状小斑点,逐渐扩大,并产生茂密的白色棉絮状菌丝,果实内部变黑腐烂,且易脱落。病果落地后,由于潮湿可使全果腐烂而遍生白霉,最后干缩成僵果。叶片被害,病部水渍状、褐色,有明显轮纹。

2. 防治方法　发病初期及时喷药保护。可选用25%甲霜灵可湿性粉剂800～1 000倍液，58%甲霜灵锰锌可湿性粉剂500倍液，40%乙磷铝可湿性粉剂300倍液，64%杀毒矾可湿性粉剂400～500倍液，77%可杀得可湿性微粒粉剂500倍液喷洒，每隔7～10天喷1次，连续喷药2～3次。

(十七)茄子黄萎病(真菌)

1. 症状　一般在茄坐果后开始表现症状，多自下而上或从一边向全株发展。初期先从叶片边缘及叶脉间变黄，逐渐发展至叶片半边或整张叶片变黄。发病早期，病叶在晴天中午前后表现萎蔫，但早晚可以恢复正常；后期病叶萎蔫后不再恢复，病叶色泽由黄变褐，有时叶缘向上卷曲，萎蔫下垂或脱落，严重时病株叶片脱光仅留茎秆。剖视病茎和病根等部，可见维管束变褐色。病株着生的果实变小、质硬。纵切病株上成熟的果实，其维管束也呈黑褐色。

2. 防治方法

(1)化学防治　苗期或定植前期喷50%多菌灵可湿性粉剂600～700倍液。发病初期喷洒治枯灵1袋(12克)对水25升，或10%治萎灵水剂300倍液，每10～15天喷1次，连喷2次。或浇灌50%苯菌灵可湿性粉剂1 000倍液，50%琥胶肥酸铜(DT)可湿性粉剂350倍液，每株灌对好的药液500毫升。或灌12.5%增效多菌灵可溶剂200～300倍液，每株浇灌100毫升。

(2)嫁接防病　用野茄2号、苏茄1号、托洛巴姆、野生水茄、毒茄或红茄做砧木，用栽培茄做接穗，采用劈接法或插接法嫁接，防病效果显著。

二、虫害的识别及防治

(一)棕榈蓟马

1. 为害特点 成虫或若虫锉吸嫩梢、嫩叶、花和幼果的汁液，被害嫩叶、嫩梢变硬缩小，植株生长缓慢。

2. 化学防治 每株有虫 3～5 头时，选用 5%锐劲特悬浮剂 4 000倍液，1%杀虫素乳油 2 000 倍液，2.5%菜喜悬浮剂 3 000 倍液，98%巴丹可湿性粉剂 2 000 倍液，10%吡虫啉可湿性粉剂 2 000 倍液喷雾，每 5～7 天喷 1 次，共喷 2～3 次。

(二)侧多食跗线螨

1. 为害特点 食性极杂。成螨、幼螨集中在寄主幼芽、嫩叶、花、幼果等幼嫩部位刺吸汁液，尤其喜欢在尚未展开的芽、叶和花器上刺吸汁液。被害叶片增厚僵直、变小或变窄，叶背呈黄褐色油渍状，叶缘向下卷曲。幼茎变褐，丛生或秃尖。花蕾畸形。果实变褐色，粗糙，无光泽，出现裂果。植株矮缩。由于虫体较小，肉眼一般难以发现。为害症状又和病毒病和生理病害症状相似，生产上应注意识别。

2. 形态特征 成雌螨长约 0.21 毫米，体躯阔卵形，体分节不明显，淡黄至黄绿色，半透明，有光泽。足 4 对，沿背中线有 1 白色条纹，腹部末端平截。雄成螨体长约 0.19 毫米，体躯近六角形，淡黄色至黄绿色，腹末有锥形尾吸盘，足较长、且粗壮。卵长约 0.1 毫米，椭圆形，灰白色，半透明。卵面有 6 排纵向排列的泡状突起，底面平整、光滑。幼螨近椭圆形，躯体分 3 节，足 3 对。若螨半透明、棱形，是一静止阶段，被幼螨表皮所包围。

3. 化学防治 在发生初期及时喷洒药剂，可选用 73%克螨特乳油 1 000～1 500 倍液，5%尼索朗乳油 2 000 倍液，1%阿维菌素乳油 1 000 倍液，5%卡死克乳油 1 200 倍液，15%哒螨酮乳油1 000倍液喷雾，重点喷植株上部嫩叶背面、嫩茎、花器、生长点及幼果等部位，并注意交替轮换用药。

(三)茄黄斑螟

1. 为害特点　在我国长江以南地区，茄黄斑螟是茄子的重要害虫。幼虫为害蕾、花，并蛀食嫩茎、嫩梢及果实，引起枝梢枯萎、落花、落果及果实腐烂。秋季多蛀害茄果，1 个茄子内有 3～5 头幼虫。夏季茄果虽受害较轻，但花蕾、嫩梢受害重，可造成早期减产。

2. 形态特征　成虫体长 6.5～10 毫米，翅展 25 毫米左右。体、翅均为白色。前翅具 4 个明显的黄色大斑纹，翅基部黄褐色。中室与后缘之间呈一个红色三角形纹；翅顶角下方有 1 个黑色眼形斑。后翅中室具一小黑点，并有明显的暗色后横线，外缘有 2 个浅黄斑。栖息时翅伸展，腹部翘起，腹部两侧节间毛束直立。卵大约 0.7 毫米×0.4 毫米，外形似水饺。卵上有 2～5 根锯齿状刺，大小长短不一，有稀疏刻点。初产时乳白色，孵化前灰黑色。老熟幼虫体长 15～18 毫米、多呈粉红色，幼龄期黄白色。头及前胸背板黑褐色，背线褐色。各节均有 6 个黑褐色毛斑、呈两排，前排 4 个，后排 2 个，各节体侧有 1 个瘤突，上生 2 根刚毛。腹末端黑色。蛹长 8～9 毫米，浅黄褐色，腹部第三、第四节气孔上方有一突起。蛹茧坚韧，有内外两层。初结茧时为白色，后逐渐加深为深褐色或棕红色。茧形不规则，多呈长椭圆形。

3. 化学防治　在幼虫发生期，可选用 20%杀灭菊酯 2 000 倍液，21%灭杀毙（增效氰・马乳油）3 000 倍液，10%菊・马乳油 1 500倍液，50%敌敌畏乳油 1 000 倍液，5%锐劲特悬浮剂 2 500 倍液喷雾防治，注意药剂交替轮换使用。

(四)茄二十八星瓢虫

1. 为害特点 以成、幼虫舐食叶肉,残留上表皮成网状,严重时食尽全叶。还取食花瓣、萼片。茄子果实被害,受害部位变硬,带有苦味,影响产量和质量。

2. 形态特征 成虫体长5.5~6.5毫米,半球形,黄褐色,体表密生黄色细毛。前胸背板上有6个黑斑:中央2个,一前一后,前方的大,方形(有时可分为2个);后方的圆形(或纵长,与前方的相接),每侧各2个。每鞘翅有14个黑斑,鞘翅基部3个黑斑,后方的4个黑斑几乎在一直线上;鞘翅会合时,两鞘翅上黑斑不相接触。卵长约1.3毫米,弹头形。初产时鲜黄色。后渐变为黄褐色,卵粒排列较紧密。初龄幼虫淡黄色,后变白色。体表多刺,其基部有黑褐色环纹,枝刺白色。成长幼虫体长约7毫米。蛹长约5.5毫米,椭圆形,黄白色,背面有黑色斑纹,尾端包着末龄幼虫的蜕皮。

3. 防治方法 ①人工捕杀成虫,摘除卵块。②及时处理残株。③药剂防治。在越冬代成虫迁移和第一代幼虫盛孵期施药,药剂喷在叶背面。对成虫要在清晨露水未干时防治。可选用80%敌百虫可溶性粉剂、50%马拉松乳油、2.5%敌杀死乳油2000倍液,25%亚胺硫磷800倍液,灭杀毙6000倍液,2.5%溴氰菊酯乳油、20%氰戊菊酯乳油3000倍液,50%辛硫磷乳剂1000倍液,2.5%功夫乳油4000倍液喷雾防治。

(五)棉 铃 虫

1. 为害特点 以幼虫蛀食花、蕾、果为主,也可为害嫩茎、叶和芽。花蕾被害易脱落,果实被害易腐烂。蛀孔多在果蒂部。

2. 形态特征 成虫体长14~18毫米,翅展30~38毫米,灰褐色;前翅中有一环纹,中央有褐点。卵半球形,乳白色,具纵横网络。幼虫体色多变，头部黄褐色，气门白色，体表布满小刺。蛹长17～21毫米，黄褐色。

3. 生活习性　食性较杂。一般1年发生4代。成虫多于夜间在果萼、嫩梢、嫩叶及茎上产卵。初孵幼虫啃食嫩叶尖及幼小花蕾。2～3龄时吐丝下垂转株蛀食蕾、花和果。幼虫有假死性和自相残杀习性。幼虫共6龄，老熟后入土化蛹。

4. 化学防治　在卵孵化高峰至低龄幼虫发生期选用5%抑太保或卡死克乳油1 000倍液，90%万灵可湿性粉剂3 000倍液，1.8%阿维菌素乳油1 000倍液，2.5%天王星乳油3 000倍液，Bt乳剂250倍液，50%辛硫磷乳油1 000倍液喷洒。

（六）烟粉虱

1. 为害特点　成虫、若虫群集叶背刺吸植物汁液。被害叶片褪绿变黄、萎蔫，导致植株衰弱甚至全株枯死。该虫还分泌蜜露诱发煤污病，并可传播70多种病毒病。

2. 化学防治　每667平方米用22%敌敌畏烟剂0.5千克于傍晚密闭熏杀成虫，或用80%敌敌畏乳油300～400毫升，加适量锯末，点燃（无明火）熏杀。在害虫发生初期，及早选用10%吡虫灵可湿性粉剂2 000倍液，1.8%阿维菌素乳油2 000～3 000倍液，25%扑虱灵可湿性粉剂1 500倍液，2.5%天王星乳油1 000～1 500倍液，5%锐劲特悬浮剂1 500倍液喷雾防治。

思考题

1. 茄果类蔬菜有哪些病害？危险性大的是哪几种？如何防治？
2. 茄果类蔬菜有哪些害虫？如何防治？

第八章　茄果类蔬菜生产年历及劳动定额

一、茄果类蔬菜生产年历

(一)番茄生产年历

10 月:1. 利用温床或冷床育苗。

2. 苗床清理、消毒。

3. 培养土配制。

4. 保护地多层覆盖早熟栽培番茄的浸种、催芽、播种。

5. 秋番茄收获、销售与田间管理、盖膜。

11 月:1. 播种苗床的继续准备,分苗苗床的准备。

2. 已播种苗床温度、水分管理。

3. 中棚及拱棚栽培番茄播种育苗。

4. 秋延番茄的采收销售与田间管理、盖棚保温。

5. 番茄简易贮藏条件的准备、使用。

12 月:1. 早播番茄苗床管理揭盖膜、追肥、打药等。

2. 早播番茄分苗,每 667 平方米需 20~25 平方米分苗苗床。

3. 秋延番茄的管理,保温防冻。

4. 秋延番茄的采收、销售与贮藏。采收的青熟果可用 2 000~3 000 毫克/千克乙烯利喷洒或浸泡一遍,取出放在温床内后熟,保持温度 25℃,注意通风,5~7 天便可变红。

1 月:1. 露地栽培番茄的电热温床播种育苗。

2. 早播番茄的播种、分苗。

3. 分苗苗床的管理,注意防冻。

4. 秋延番茄的采收、销售与田间管理、下架。

5. 多层覆盖栽培定植。

2 月:1. 大中棚套小拱棚栽培定植。

2. 多层覆盖栽培的田间管理和大棚关闭、开门及通风。

3. 继续分苗及分苗苗床的管理。

4. 化肥、农药准备,每季按每 667 平方米购进尿素 40 千克、复合肥 100 千克、氯化钾 50 千克、过磷酸钙 50 千克、磷酸二氢钾 20 千克、硼砂 3 千克准备。

5. 架材准备,每 667 平方米 4 000 根。

3 月:1. 大棚内番茄的苗期管理工作,包括追肥、浇水、插架、绑蔓、整枝和保花保果等。

2. 小拱棚露地栽培番茄的定植。

3. 育苗苗床管理,注意防止高温“烧苗”。

4 月:1. 番茄的田间管理,包括中耕、松土、追肥、浇水保苗和大棚内注意通风等。

2. 番茄插架、绑蔓、整枝,一般采用双干整枝,抹去其余侧枝。

3. 保花保果,可用 10～15 毫克/千克的 2,4-D 溶液蘸花柄。

4. 为了提早上市,可在 4 月采摘部分白熟果,用乙烯利催红。

5. 注意雨后排除田间积水。

6. 高山栽培番茄播种育苗,土地准备。

5 月:1. 番茄田间管理、追肥、浇水、绑架和整枝。

2. 番茄成熟果采收、分级、包装和销售。

3. 疏果、摘心:每花序留大果 3～4 个,留中果 4～6 个,其余弱势果去除;无限生长品种,留 5~6 序果摘心。作早熟栽培的只留 3~4 序果摘心。

4. 防治病虫害:此时病虫害逐渐增多,要注意观察,发现病虫要及时打药。

5. 高山番茄定植。

6 月:1. 番茄田间管理:灌水,清沟排渍,病虫害防治打药。

2. 进入采收盛期,注意疏通销售渠道,谨防积压、烂果。

3. 此时气温渐高,进入采收旺季,售价偏低,可考虑采用简易贮藏法贮藏部分果实,一个月后再上市。

4. 高山番茄的田间管理:插架绑蔓,整枝打杈,病虫害防治。

7 月:1. 春季栽培的番茄,7 月份相继下架,清园,注意及时做好田园清洁工作,翻耕烤地。

2. 准备秋延番茄栽培的播种苗床,备好培养土。

3. 购买种子,7 月下旬至 8 月上旬播种育苗。

4. 秋延番茄栽培的园地准备。

8 月:1. 秋延番茄在 8 月 10 日前继续播种育苗。

2. 8 月下旬定植秋延番茄。

3. 高山番茄田间管理,采收,销售。

9 月:1. 高山番茄的田间管理和采收。

2. 秋延番茄的定植与管理。

3. 用 2,4-D 保花保果。

(二)辣椒生产年历

10 月:1. 利用温床或冷床于 10 月下旬至 11 月上中旬播种育苗。

2. 旧苗床的清理、消毒、配制。

3. 培养土配制。

4. 保护地多层覆盖早熟栽培辣椒的浸种、催芽和播种育苗。
5. 越夏和高山辣椒的采收。

11 月：1. 播种苗床的继续准备，分苗苗床也应开始准备。
2. 越夏栽培辣椒继续管理和采收、销售。
3. 中棚、小拱棚栽培辣椒的播种育苗。
4. 秋延辣椒的采收与贮藏。
5. 辣椒贮藏窖的准备和使用。

12 月：1. 秋延辣椒的采收、贮藏、销售。
2. 早播辣椒的苗床管理。
3. 早播辣椒分苗，每 667 平方米需苗床面积 20 平方米。
4. 秋延辣椒的保温防冻。

1 月：1. 露地栽培辣椒，利用电热温床播种育苗。
2. 早播辣椒的分苗及苗床管理。
3. 多层覆盖栽培的幼苗在棚中定植。
4. 土地耕翻，开厢做垄，施基肥。

2 月：1. 大、中棚早熟栽培幼苗定植。
2. 分苗及苗床管理。
3. 大、中棚栽培辣椒的田间管理：注意既要防止低温冻苗，又要防止高温烧苗。
4. 早辣椒的追肥、浇水。

3 月：1. 小拱棚栽培苗的定植，中旬完成。
2. 已栽大、中棚的管理：通风换气。
3. 露地栽培苗的定植，月底完成。
4. 严防棚内高温烧苗，防止北风冻苗。

4 月：1. 高山栽培辣椒的播种育苗。
2. 棚栽和露地栽培辣椒的管理：浇水，追肥，打药。

3. 多层覆盖早熟栽培辣椒开始采收。

5月:1. 大、中棚栽培辣椒采收,田间管理,防止渍水,重施追肥。

2. 高山栽培辣椒育苗的苗床管理,开始定植。

3. 露地栽培辣椒的田间管理,开始采收。重施追肥,棚内辣椒进入采收盛期,注意疏通销售渠道,防止产品积压。

4. 注意打药防治蚜虫、茶黄螨、烟青虫、斜纹夜蛾和疫病等。

6月:1. 高山辣椒定植与管理。

2. 早熟栽培辣椒继续采收、销售和田间管理,要重施追肥。

3. 露地栽培辣椒进入采收高峰,应重施追肥,天旱注意浇水。

4. 下雨排渍,防治病虫害。

7月:1. 大、中、小棚多层覆盖早熟栽培的泡椒进入采收末期,应适时拉秧、清园。

2. 高山栽培辣椒月底开始采收。

3. 秋延辣椒于中下旬播种育苗。

4. 露地栽培牛角椒品种仍为采收旺季,应注意追肥、灌水,适当整枝,以保证其持续结果。

8月:1. 秋延辣椒的土地耕翻、整地、施基肥、开沟做畦和定植。

2. 露地栽培牛角椒的田间管理:追肥、灌水和病虫害防治。

3. 高山辣椒进入采收盛期,应有组织地做好销售工作。

9月:1. 秋延辣椒栽培的田间管理。

2. 露地越夏栽培辣椒的采收和田间管理。

3. 高山辣椒采收、销售和贮藏。

4. 播种苗床的准备和培养土的配制。

(三)茄子生产年历

10月:1. 苗床的准备与培养土的配制。

2. 多层覆盖栽培的茄子10～11月在保温苗床播种育苗。

3. 秋延栽培茄子的田间管理:扣棚,打老叶,喷药,采收。

4. 越夏栽培茄子的拉秧、清园。

11月:1. 大、中棚栽培茄子的播种育苗。

2. 早播茄子苗床的管理。

3. 分苗苗床的准备。每栽培667平方米茄子,需苗床面积25平方米。

4. 下旬开始分苗。

12月:1. 大棚栽培茄子在加热温床中播种育苗。

2. 早播茄子的苗床管理,重点是保温防寒。

3. 早播茄子分苗苗床的准备及分苗。

4. 秋延栽培茄子的大棚管理和采收。

5. 露地栽培茄子的播种育苗。

1月:1. 茄子苗床管理

2. 多层覆盖茄子定植的大棚及薄膜准备,菜地施基肥。

3. 多层覆盖茄子的定植。

2月:1. 茄子苗期管理。

2. 早定植茄子的大棚管理,保温防寒。

3. 露地栽培茄子的土地准备和施肥。

4. 肥料、农药的购买。

5. 大、中棚茄子的定植。

3月:1. 茄子苗期管理。
2. 中、小棚茄子定植。
3. 早定植茄子的栽培管理、追肥。
4. 多层覆盖茄子的棚内管理。

4月:1. 棚栽茄子的管理:保花保果、追肥和中耕培土。
2. 露地栽培茄子定植。
3. 多层覆盖栽培的茄子,月底开始采收。

5月:1. 大棚、中棚茄子大量采收,露地茄子也开始采收。
2. 各种栽培茄子的采收期管理:整枝、打老叶和病虫害防治。
3. 疏通销售渠道,防止产品积压。
4. 越夏栽培茄子的播种育苗。

6月:1. 茄子采收及采收期田间管理。
2. 大棚春茄子的中后期管理。
3. 夏茄子的苗期管理与定植。

7月:1. 春茄采收期的田间管理。
2. 夏茄子的田间管理:浇水、追肥和病虫害防治。
3. 茄子采收。

8月:1. 夏茄子收获与田间管理。
2. 春茄的收获与田间管理。

9月:1. 夏茄子收获与中、后期田间管理。
2. 春播恋秋茄的采收与后期管理。
3. 10月播种苗床的准备。

二、茄果类蔬菜栽培管理劳动定额及考核办法(参考)

表 12　茄果类蔬菜技术操作劳动定额(参考)　(表中为 8 小时/日工作量)

农活类别		番　茄	辣　椒	茄　子	注
耕　田	初　耕	1.5～2.0	1.5～2.0	1.5～2.0	单位为 $667m^2$
	复　耕	3～4	3.0～4.0	3.0～4.0	
耙　地	初　耙	3.0	3.0	3.0	单位为 $667m^2$
	复　耙	4.0	4.0	4.0	
开　沟	围　沟	100	100	100	单位为 m
	厢　沟	150	150	150	
	畦　沟	200	200	200	
平整畦面		400	400	400	单位为 m^2
施基肥	化　肥	1200	1200	1200	单位为 m^2
	有机肥	500	500	500	
育　苗	电热温床配制	5 根	5 根	5 根	电热线每根长 100m
	冷床配制	$300m^2$	$300m^2$	$300m^2$	
	培养土配制	$2m^3$	$2m^3$	$2m^3$	
	苗床播种	$20m^2$	$20m^2$	$20m^2$	
	苗床分苗	8000 株	8000 株	8000 株	
定　植	取送苗	600	600	500	单位为 m^2
	栽　苗	600	600	500	
	浇定苗水	600	600	500	

续表 12

农活类别		番 茄	辣 椒	茄 子	注
田间管理	中耕、除草	400	400	400	单位为 m^2
	灌 水	1000	1000	1000	
	追 肥	600	600	600	
	打老叶	600		500	
	整 枝	300		400	
	插 架	300	300	300	
	绑 蔓	300			
	打 药	1500	1500	1500	
采 收		250	150	200	单位为 kg

参考文献

[1] 张振贤等. 蔬菜栽培学. 北京:中国农业大学出版社,2003

[2] 顾元龙等. 实用蔬菜栽培手册. 上海:上海科学技术出版社,1989

[3] 尚德宏等. 塑料大棚高产早熟种菜技术. 北京:金盾出版社,1989

[4] 刘宜生等. 蔬菜育苗技术. 北京:金盾出版社,1996

[5] 浙江农业大学园艺系. 果菜类蔬菜早熟生产育苗技术. 上海:上海科学技术出版社,1983

[6] 高中强,丁习武. 茄果类蔬菜. 北京:中国农业大学出版社,2006

[7] 毛秀杰等. 无公害番茄标准化生产. 北京:中国农业出版社,2006

[8] 应芳卿等. 怎样提高番茄种植效益. 北京:金盾出版社,2006

[9] 胡永军等. 引进国外番茄新品种及栽培技术. 北京:金盾出版社,2006

[10] 马新立. 温室番茄无公害栽培. 北京:科学技术文献出版社,2003

[11] 刘富中等. 茄子无公害高效栽培. 北京:金盾出版社,2004

[12] 胡永军等. 引进国外茄子新品种及栽培技术. 北京:金盾出版社,2006

［13］ 王炳天．茄子高产栽培．北京:金盾出版社,1992

［14］ 耿三省等．无公害辣椒标准化生产．北京:中国农业出版社,2006

［15］ 邵树策等．引进国外辣椒新品种及栽培技术．北京:金盾出版社,2006

［16］ 李青云等．棚室辣椒高效栽培教材．北京:金盾出版社,2007

［17］ 许士林等．辣椒生产 150 问．北京:中国农业出版社,1995

［18］ 陈贵林等．蔬菜嫁接栽培实用技术．北京:金盾出版社,2006

［19］ 吕英华等．无公害蔬菜施肥技术．北京:中国农业出版社,2003

［20］ 虞铁俊等．蔬菜病虫害无公害防治技术．北京:中国农业出版社,2003

［21］ 《长江蔬菜》杂志 2005～2007 年各期有关文章(因文章较多,不便一一列出,请作者见谅)

［22］ 吕佩珂等．中国蔬菜病虫原色图谱．北京:中国农业出版社,1992